W0268259

Über das elastische Verhalten von Beton

mit besonderer Berücksichtigung der Querdehnung

Von

Hirohiko Yoshida

Professor am Technical College in Fukui
Japan

Mit 59 Textabbildungen

Springer-Verlag Berlin Heidelberg GmbH 1930

Mitteilungen des Instituts für Beton und Eisenbeton an der Techn. Hochschule in Karlsruhe i. Baden. Leitung: E. Probst

ISBN 978-3-662-28128-4   ISBN 978-3-662-29636-3 (eBook)
DOI 10.1007/978-3-662-29636-3

Vorwort.

Die Lehren der Erdbebenkatastrophe, die Japan im Jahre 1923 heimsuchte, haben gezeigt, daß Beton und Eisenbeton unsere bisherigen Bauweisen in sehr wertvoller Weise ergänzen, ja sogar ersetzen.

Mit der anwachsenden Bedeutung und fortschreitenden Entwicklung des Eisenbetonbauwesens ist die Klärung mancher noch offener Fragen notwendig geworden, die die Grundlage unserer wissenschaftlichen und praktischen Ingenieurarbeit bilden. Einen Beitrag soll die vorliegende Untersuchung darstellen, welche ich während meines Aufenthaltes in Deutschland in dem Institut für Beton und Eisenbeton an der Technischen Hochschule Karlsruhe unter der Leitung von Herrn Professor Probst durchgeführt habe. Sie befaßt sich mit der Prüfung des elastischen Verhaltens von Beton.

Die Arbeit war ursprünglich auf eine Untersuchung der Querdehnungszahl (sog. Poissonsche Zahl) des Betons begrenzt. Im Verlaufe der Durchführung der Untersuchungen ergab sich eine Erweiterung der gestellten Aufgabe, die gleichfalls veröffentlicht wird. Die Querdehnungszahl m ist neben dem Elastizitätsmodul E maßgebend für das elastische Verhalten des homogenen und isotropen Materials. Die Querdehnung des Betons ist bisher nur ungenügend untersucht worden. Die Querdehnungszahl des Betons pflegte als Konstante angenommen zu werden, was aber nicht den tatsächlichen Verhältnissen entspricht, wie die vorliegende Arbeit zeigt.

Die Einleitung behandelt die Bedeutung der Querdehnungszahl und deren Bestimmungsmethoden. Der erste Teil enthält die Untersuchungen zur Ermittlung der Querdehnungszahl von verschiedenen Betonarten unter statischen (ruhenden) Belastungen.

Der zweite Teil befaßt sich mit dem Einfluß von häufig wiederholten Be- und Entlastungen. Die Untersuchungen unter häufigen Lastwiederholungen geben uns Aufschlüsse über die Veränderung des elastischen Verhaltens von Beton. Für Längenänderungen wurden solche Untersuchungen in demselben Institut bereits durchgeführt. Entsprechende Untersuchungen über die Querdehnungen haben bisher, soweit ich unterrichtet bin, überhaupt noch nicht stattgefunden.

Der letzte Teil enthält einige Betrachtungen, die sich aus den Untersuchungen ergeben, so über das elastische Verhalten von Beton, über elastische Nachwirkungen, elastische Potentiale sowie Wellenfortpflanzungsgeschwindigkeiten im Beton.

Hinsichtlich der Durchführung dieser Arbeit fühle ich mich sehr verpflichtet, dem Unterrichtsministerium der japanischen Regierung sowie Herrn Professor T. Sano in Tokio, meinem verehrten Lehrer, und Herrn Professor M. Seki in Fukui, welche mein Auslandsstudium herbeiführten, verbindlichst zu danken.

Aufrichtigsten Dank schulde ich Herrn Professor Probst, durch dessen freundlichste Aufnahme und wärmste Anregung es mir ermöglicht wurde, diese Arbeit meinem Wunsche entsprechend durchzuführen.

Schließlich möchte ich nicht verfehlen, des Entgegenkommens der Herren Mitarbeiter von Herrn Professor Probst zu gedenken, namentlich der Herren Dr.-Ing. A. Mehmel und Dr.-Ing. F. Tölke, mit denen ich manche anregende wissenschaftliche Diskussion führen konnte.

Karlsruhe i. B., Juli 1929.

Hirohiko Yoshida.

Inhaltsverzeichnis.

I. Einleitung.

Wenn ein Material einer Spannung unterliegt, so zeigt es Formänderungen. Je nach der speziellen Art der Formänderung, die gewählt wird, kann man verschiedene Elastizitätskonstanten unterscheiden. Sie sind aber nicht alle voneinander unabhängig. Je größer der Symmetriegrad der Materialstruktur wird, desto kleiner wird die Zahl der unabhängigen Konstanten. Im Gebrauchsbereich des Hookeschen Gesetzes gibt es im Falle des isotropen[1], homogenen Körpers nur zwei unabhängige Elastizitätskonstanten, die vollkommen die elastischen Eigenschaften dieses Körpers charakterisieren. Als solche Konstanten kann man, je nach der Art der Formänderung, welche man zugrunde legt, verschiedene wählen[2]. Jedoch hat man als praktisch gebrauchte Elastizitätskonstanten solche eingeführt, die leicht zu erzeugenden Formänderungen entsprechen.

Die zwei voneinander ganz unabhängigen Elastizitätskonstanten, welche in der technischen Mechanik am meisten zugrunde gelegt werden, sind E (Elastizitätsmodul der Längenänderung oder Youngscher Modul genannt) und m (Querdehnungszahl oder Poissonsche Konstante genannt; oder E und G (Elastizitäts- und Gleitmodul). Hierbei sind m und G durch die Gleichung verbunden:

$$G = \frac{m}{2\,(m+1)} \cdot E \; *.$$

Wird in einem rechtwinkligen dreiachsigen Koordinatensystem X, Y, Z ein elastischer Körper einer axialen Kraft (Druck oder Zug) in der Richtung der X-Achse unterworfen, dann erfolgt die Formänderung so, daß eine Längenänderung in der Richtung der X-Achse und Queränderungen in den Richtungen der Y- und Z-Achsen stattfinden.

Im folgenden sei mit Querdehnungszahl das Verhältnis von Längenänderung zu Querdehnung bezeichnet. In der Regel begleitet die

---

[1] Die isotropen Körper sind zum Unterschied von den kristallinischen Körpern dadurch ausgezeichnet, daß die verschiedenen physikalischen Eigenschaften nicht von der Richtung abhängen, sondern in allen Richtungen gleich sind.

[2] Ein übersichtlicher Vergleich der verschiedenen Benennungen der Elastizitätskonstanten, die von verschiedenen Autoren gewählt wurden, findet man z. B. in E. Schneider: Mathematische Schwingungslehre, Anhang, S. 192. Berlin: Julius Springer 1924. Vgl. auch Love-Timpe: Lehrbuch der Elastizität, Anmerkungen S. 639.

* Statt die elastischen Eigenschaften des Materials durch E und m oder G zu charakterisieren, kann man sie durch zwei andere sogenannte Lamésche

Längenverkürzung (unter Druck) die Quervergrößerung und die Längenvergrößerung (unter Zug) die Querverkürzung[1].

Poisson hatte für jeden homogenen, isotropen Körper den konstanten Wert $m = 4$ abgeleitet. Die Beobachtungen zeigen indessen, daß dies nicht zutrifft, und man hat für m noch verschiedene andere Werte als $m = 4$ erhalten. Die bisher von verschiedenen Forschern bekannt gewordenen Ergebnisse von m sind im folgenden zusammengestellt (Zahlentafel 1).

Zahlentafel 1. Die Größe m der verschiedenen Materialien.

Material	m	Quelle
Stahl	3,225 3,731 3,39 bis 3,413 3,952 4,237	Everetts: Illustrations of the CGS-System of units London 1891 Amagat: J. de Physique 1889 Kirchhoff Mallock Carrington: Phil. Mag. Bd. 41, S. 206. 1921 (Krümmungsmethode)
Schmiedeeisen	3,636 4,081	Everetts Carrington
Gußeisen	5 bis 9	Föppl, A. u. L.: Drang und Zwang Bd. 1, S. 27
Messing	3,000 3,077 3,058	Carrington Mallock Amagat
Zink (gewalzt)	5,555	Mallock

Konstanten λ und μ charakterisieren, welche zu E und m unter der Voraussetzung der Gültigkeit des Hookeschen Gesetzes in folgenden Beziehungen stehen:

$$\lambda = \frac{mE}{(m+1)(m-2)}, \qquad \mu = \frac{mE}{2(m+1)}.$$

(λ und μ sind ihrer physikalischen Bedeutung nach immer positiv).

Diese Einführung der Laméschen Konstanten gestattet eine leichte Ermittlung der Grenzwerte der möglichen Querdehnungszahlen. Aus den obigen Gleichungen erhält man

$$m = \frac{1 + \dfrac{\lambda}{\mu}}{\dfrac{\lambda}{\mu}} \cdot 2.$$

Aus dieser Beziehung folgt, daß m stets zwischen ∞ und 2 liegen muß.

[1] Als einen Ausnahmefall hat W. Voigt bei Pyrit die Querdehnungszahl $m = -7$ gefunden. Ein Stab, der aus diesem Material in Richtung einer Hauptachse geschnitten ist und gedehnt wird, dehnt sich auch seitlich etwas aus. Hierzu bemerkt Voigt allerdings, daß dieses Ergebnis erst nach einer größeren Zahl von Versuchen als feststehend bezeichnet werden kann. Man vermutet, daß dieses etwas paradoxe Resultat von den Zwillingsbildungen — Umklappen der Kristallschichten — der Kristalle herrührt.

Zahlentafel 1 (Fortsetzung).

Material	m	Quelle
Kupfer	2,645 3,058 3,278	Everetts Amagat Carrington
Blei	2,667 2,336	Mallock Amagat
Aluminium	3,194 7,692	Carrington 1921 Katzenelsohn: Berl.Inaug.-Diss.1887
Platin	6,250	Katzenelsohn
Gold	5,882	Katzenelsohn
Glas	3,875 4,081 4,70 bis 4,808	Everetts Amagat Voigt
Optisches Glas	4,348 bis 4,651 3,704 bis 5,494	Straubel: Über die Elastizitätszahlen und Elastizitätsmoduln des Glases. Ann. Phys. u. Chem. 1899. S. 369. Jessop: Phil. Mag. Vol. 42. 1921
Asphaltpappe	5,000	Mallock
Gummi (Kautschuk)	1,562 bis 2,702 2,183 2,000	Röntgen Pulfrich Amagat, Mallock
Gallerte aus Leim	2,000	Maurer
Paraffin	2,000	Mallock: Proc. roy. Soc. Lond. 1879.
Paraffin, Spermazet, Wachs	2,272 bis 2,500	Smoluchowski, M. v.: Akustische Untersuchung über die Elastizität weicher Körper. Wien. Ber. Abt. II a, S. 739. 1894
Ebonit	2,570	Mallock
Gips	5,525	Mallock
Erde (oberste Schichte)	3,703	Zöppritz u. Geiger: Nachr. Ges. Wiss. Göttingen, Math.-phys. Kl. 1909
Flußspat	3,610	Voigt: Wied. Ann. 1887, 1888, 1889
Steinsalz	3,968	Voigt
Sylvin	5,376	Voigt
Beryll[1]	3,921	Voigt

[1] Der Beryll ist ein so besonders günstiges, ja unvergleichliches Objekt für Elastizitätsbeobachtungen, weil er nur in holoedrischen Formen und nie verzwillingt beobachtet ist, also mit Sicherheit als Repräsentant des einfachen hexagonalen Systems hingestellt werden kann. Diejenigen Relationen, welche aus der Poissonschen Theorie sich unter der Voraussetzung ergeben, daß die Molekularwirkung nach allen Richtungen die gleiche ist, sind für Beryll nahezu erfüllt. Vgl. W. Voigt: Bestimmung der Elastizitätskonstanten von Beryll und Bergkristall. Wied. Ann. Bd. 31, S. 474. 1887.

Zahlentafel 1 (Fortsetzung).

Material	m	Quelle
Bergkrisall	14,705	Voigt
Kalkspat	3,717	Voigt
Topas	3,545	Voigt
Baryt	3,424	Voigt
Kork	$\sim \infty$	Mallock
Weißkiefer	$m_x = 2{,}688\,$[1] $\quad m_y = 2{,}058 \quad m_z = 4{,}405$	Mallock
„Box-wood"	$m_x = 2{,}463\,$[1] $\quad m_y = 2{,}381$	Mallock
Buchenholz	$m_x = 2{,}451\,$[1] $\quad m_y = 1{,}887$	Mallock

Diese Zusammenstellung zeigt eine große Mannigfaltigkeit der Werte für die Querdehnungszahl. Indessen, im Gegensatz zu den E-Werten, welche von den Eigenschaften des betreffenden Materials abhängig und größeren Schwankungen unterworfen sind, liegen die Querdehnungszahlen meistens in der Nähe von 3 und 4, was sich dadurch erklären läßt, daß die Polaritäten der Moleküle im allgemeinen nicht sehr stark sein mögen.

Die Voraussetzung, daß der Beton ein homogener, isotroper Körper sei, entspricht bekanntlich nicht den tatsächlichen Verhältnissen, wenngleich eine solche Annahme aus Mangel an etwas Besserem gewöhnlich bei praktischen Berechnungen näherungsweise gemacht wird.

Es sei bemerkt, daß selbst das Vorhandensein eines isotropen Körpers nur für die Kontinuumstheorie zu Vereinfachungen führt; die Molekulartheorie fester Körper geht von dem Kristall aus; dies ist dadurch begründet, daß wir über den Aufbau kristallinischer Körper gewisse bestimmte Vorstellungen, die sog. Raumgittertheorien besitzen, anderseits auch dadurch, daß die meisten Materialien, die wir bei unseren Elastizitätsversuchen und Festigkeitsberechnungen als isotrope Körper betrachten, bei näherer Untersuchung als aus zahlreichen, unregelmäßig verteilten kristallinischen Bausteinen aufgebaute Konglomerate

---

[1] Bei Annahme eines räumlichen rechtwinkligen Koordinatensystems, dessen X-Achse parallel zur Faser und dessen Z-Achse radial verläuft, bedeutet:

m_x ... die Querdehnungszahl bei einer Kraftwirkung parallel zur X-Achse.

m_y ... die Querdehnungszahl bei einer Kraftwirkung parallel zur Y-Achse.

m_z ... die Querdehnungszahl bei einer Kraftwirkung parallel zur Z-Achse.

Es ist bemerkenswert, daß bei den oben gezeigten Ergebnissen m_y stets sich kleiner als m_x ergibt. — Vgl. A. Mallock: The Measurement of the Ratio of Lateral Contraction to Longitudinal Extension in a Body under Strain. Proc. roy. Soc. Lond. Bd. 29, S. 157. 1879.

(kristallinische Haufwerke) erscheinen. Namentlich sind die meisten Metalle und Gesteine als solche quasi-isotrope Körper anzusehen, und ihre Formänderungen sind lediglich durch die Möglichkeit der Formänderung der einzelnen Kristalle bedingt.

Mit fortschreitender Entwicklung des Eisenbetonbauwesens wachsen sowohl der Umfang als auch die Schwierigkeit der gestellten Probleme. In steigendem Maße wird die Elastizitätstheorie zu ihrer Lösung und zur Ableitung von Berechnungsformeln herangezogen, z. B. bei verschiedenen Plattenaufgaben, Knickungsaufgaben, Aufgaben räumlicher Konstruktionen, wie Schalen, Behälter u. dsgl.[1]. Auch Grund- und Wasserbauten stellen neue Probleme. Beispiele hierfür sind: Schleusen als Balken oder Platten auf elastischer Unterlage, Erddruck gegen elastische Wandungen, Fundamentschwingungen usw.

Wenn man Elastizitätsaufgaben des zwei- und dreiachsigen Spannungszustandes durchführen will, dann kommt die Querdehnungszahl in den Elastizitätsgleichungen vor, wie es z. B. bei der Balkentheorie der Fall ist, wenn der Einfluß der Schubspannungen berücksichtigt wird[2].

Während über den Wert von E schon sehr viele Versuche gemacht wurden, ist für die Querdehnungszahl m des Betons sehr wenig getan worden.

Als bisherige Versuche, welche die Ermittlung der Querdehnungszahl des Betons als Hauptproblem oder Nebenproblem behandelten, kann man die folgenden nennen:

1. Talbot, A. N.: Tests of concrete and reinforced concrete columns. Bull. Eng. Exp. Stat. of Illinois, No. 10 (series of 1906). 1907

2. Withey, M. O.: Tests on reinforced concrete columns. Bull. Univ. Wisconsin, No. 466 (series of 1910)[3].

3. Rudeloff, M.: Versuche mit Eisenbeton-Säulen. Veröfftl. Dt. Aussch. f. Eisenbeton H. 5. 1910; H. 21. 1912.

---

[1] Bekanntlich ist:

$$\text{Biegungssteifigkeit der Platte} \quad = \frac{m^2 E h^2}{12 (m^2 - 1)},$$

$$\text{Zylindrische Steifigkeit der Schale} = \frac{2 m^2 E h^3}{3 (m^2 - 1)}$$

($h = $ Dicke der Platte bzw. Schale).

Ein Beispiel für Stabilitätsprobleme: Eine Röhre von unendlicher Länge ist stabil, solange ein Wanddruck den Betrag $\dfrac{2 m^2 E}{m^2 - 1} \cdot \dfrac{h^3}{a^3}$ nicht überschreitet, wo $\dfrac{h}{a}$ das Verhältnis der Dicke zum Durchmesser bezeichnet. (Vgl. Love-Timpe: Elastizitätslehre, S. 637).

[2] Siehe z. B. v. Kármán: Über die Grundlagen der Balkentheorie, Abh. Aerodynam. Inst., Techn. Hochschule Aachen, Heft 7. 1927.

[3] Probst: Vorlesungen über Eisenbeton Bd. 1, S. 289—303.

4. Kleinlogel, A.: Über neuere Versuche mit umschnürtem Beton (spiral-umwickelte und ringbewehrte Säulen). Forsch.-Arb. Eisenbetons 1912. H. XIX.

5. Bach, C. u. O. Graf: Versuche über die Widerstandsfähigkeit von Beton und Eisenbeton gegen Verdrehung. Veröfftl. Dt. Aussch. f. Eisenbeton 1912. H. 16.

6. Tanabe, H.: Versuche zur Ermittlung der Poissonschen Zahl bei Beton. J. Inst. Jap. Arch. vol. XXXX, Nr. 478, 479, 480. 1926; Jap. Civ. Eng. Soc. vol. XII, Nr. 2, 4. 1926[1].

7. Kondow, Y.: Desgl. 1927[1].

8. Roš, M.: Die Druckelastizität des Mörtels und des Betons. Eidgenössische Materialprüfungsanstalt, Diskussionsbericht Nr. 8, Techn. Hochschule in Zürich. 1925.

9. Roš, M. u. A. Eichinger: Versuche zur Klärung der Frage der Bruchgefahr. Diskussionsbericht Nr. 28, Techn. Hochschule in Zürich 1928.

Nun kann man wohl annehmen, daß die durch Versuche ermittelten Werte von m für Beton von verschiedenen Umständen, z. B. den Herstellungsbedingungen, der Form und Bewehrung der Versuchskörper, Belastungs- und Messungsanordnung beeinflußt werden. Schließt man die Einflüsse aller übrigen Faktoren aus, so spielen immer noch Versuchsverfahren und Ableitung von m eine wesentliche Rolle. Also darf kein Versuchsverfahren für die Ermittlung der Zahl m des Betons als ganz einwandfrei betrachtet werden.

Die Ergebnisse der obengenannten Versuche, bei welchen m zwischen 1,5 (Rudeloff, Ergänzungsversuche, Säule Nr. 14) und 12,5 (Withey, Säule Nr. Z_1) liegt und ziemlich ungesetzmäßig schwankt, eignen sich nicht dazu, für die Abhängigkeit der Querdehnungszahl m allgemeine Gesetze herauszufinden; dies ist zum großen Teil dadurch verursacht, daß die Versuchsverfahren zur Ableitung von m nicht allein dazu dienten, reine elastische Eigenschaften des Betons zu ermitteln, zumal bei manchen Versuchen die Ermittlung von m als Nebensache betrachtet wurde und die Ableitung bewußt nicht ganz zutreffend war. Dazu wurden in der großen Mehrzahl bewehrte Versuchskörper zugrunde gelegt.

Die elastischen Eigenschaften der bewehrten Betonkörper werden durch Konstruktion und Bewehrung in starkem Maße beeinflußt. Ferner werden die Ermittlungen des komplizierten Spannungszustandes, welcher vom einachsigen Spannungszustand weit abweicht, von praktischen Berechnungsformeln kaum beherrscht. Die Folge davon ist, daß die quantitative Genauigkeit der Ergebnisse, namentlich hinsichtlich der Beziehung zwischen m und zugehöriger Spannung, sehr beeinträchtigt wird. Diese Mängel findet man bei Anwendung des Druckverfahrens (Rudeloff, Withey) oder Torsionverfahrens (Bach und Graf) mit bewehrten Säulen. Ebenso kann der Versuch mit Eisenbetonbalken (Tanabe) nicht als ganz einwandfrei bezeichnet werden, wie

---

[1] Kurz berichtet von dem Einleiter der betreffenden Versuche Gehler in der Zeitschrift Bauingenieure Jan. 1928, H. 2, S. 26.

überhaupt das Biegungsverfahren mehrere Eigentümlichkeiten hat, welche man nicht übersehen darf. Einmal muß bei solchen Versuchen die Krümmung des Balkens in Betracht gezogen werden. Ferner muß der Einfluß der Wanderung der Nullinie mit den Belastungsgrößen unbedingt Berücksichtigung finden. Weiterhin verhält sich das Material auch bei Zug und Druck verschieden, wie dies im allgemeinen bei spröden Materialien der Fall ist. Somit ist das Biegungsverfahren bei Vernachlässigung der eben genannten Einflüsse nur ein angenähertes, da infolge der Verrückung der Nullinie die im Bereich der Nullinie liegenden Fasern zuerst auf Druck, dann auf Zug beansprucht werden; es wäre somit zu berücksichtigen, daß durch die Druckspannung das Formänderungsverhalten in der Zugzone verändert wird.

Beton hat bekanntlich keine ausgesprochene Elastizitätsgrenze; er zeigt nämlich schon von niedrigen Spannungen an ziemlich starke bleibende Formänderung. Infolgedessen müssen, wie die Ergebnisse der vorliegenden Versuche zeigen, die Verhältnisse

Zahlentafel 2. Die Querdehnungszahlen m_{fed} und m_{ges} bei Gesteinen (nach Roš und Eichinger).

Gesteinart	Spannungs-stufen kg/cm² von bis	m_{fed}	m_{ges}
Marmor von Carrara (Italien)	50—150	3,7	3,3
	50—350	3,6	3,4
	50—450	3,4	3,2
	50—780	3,3	3,2
	50—880	3,2	3,0
Marmor Blanc Clair (Italien)	10—200	4,3	4,3
	10—300	4,3	4,3
	10—550	3,7	3,7
	10—700	3,6	3,6
	10—800	3,4	3,4
Sandstein von St. Margrethen	10—20	2,6	1,8
	10—50	1,9	1,6
	10—100	1,3	1,3
	10—180	0,9	1,0
Grauer Sandstein von St. Margrethen	10—50	7,5	2,8
	10—90	5,1	1,9
	10—150	1,8	1,1
	10—210	2,3	0,8
Granit von Handeck (Schw.)	10—130	10,0	11,5
	10—350	7,0	7,6

$$m_{fed} = \frac{\text{federnde Längenänderung}}{\text{federnde Querdehnung}}$$

und

$$m_{ges} = \frac{\text{gesamte Längenänderung}}{\text{gesamte Querdehnung}}$$

und ferner

$$m_{jgfr} = \frac{\text{jungfräuliche Längenänderung}[1]}{\text{jungfräuliche Querdehnung}}$$

sich mehr oder weniger unterscheiden. Man vergleiche in Tabelle 2 die Werte von m_{fed} und m_{ges} bei verschiedenen Gesteinen.

---

[1] Vgl. S. 25.

Da als Grundlage für die Bemessung aller Ingenieurkonstruktionen die federnde Formänderung als maßgebend gelten kann, so müßte vielmehr m_{fed} als die Querdehnungszahl des Materials betrachtet werden. Diese Ansicht wird vom Standpunkt der Messung aus gegen die anderen bevorzugt werden, weil bei mehrmaliger Be- und Entlastung, auf ein und dieselbe Belastungsstufe bezogen, die gesamte wie auch bleibende Formänderung immer weiter fortschreitet, während die federnde Formänderung schließlich zu einigermaßen konstanten Werten führt, allerdings nur in dem Bereich, innerhalb dessen ein Beharrungszustand erreicht werden kann. Roš[1] hat bei den Versuchen mit Hohlkörpern aus zähem Stahl m_{bl} beobachtet.

$$m_{bl} = \frac{\text{bleibende Längenänderung}}{\text{bleibende Querdehnung}}.$$

Es ergab sich, daß m_{bl} für dieses Material bei einem Spannungszustand innerhalb des plastischen Bereichs und auch darüber hinaus, genügend genau den Wert 2 annimmt.

Jedoch kann beim Beton m_{bl} weder als geeigneter Maßstab für das elastische Verhalten noch für die Bruchgefahr gelten. Der Grund dafür ist, daß Beton in starkem Maße elastischen Nachwirkungen unterliegt, wie dies im allgemeinen bei denjenigen Materialien der Fall ist, die erhebliche Abweichung vom Hookeschen Gesetz zeigen (wie Gußeisen, Marmor, Granit, Sandstein). Dadurch werden dessen (ursprüngliche) bleibende Formänderungen stark von vorhergegangenen Einflüssen und Belastungsanordnungen, z. B. Belastungsgeschwindigkeit, Einschaltung von Ruhepausen usw. beeinflußt, zumal die bleibende Formänderung durchaus nicht immer schädliche Formänderung zu sein braucht, wie es beim allseitigen Druck der Fall ist.

Der Verfasser hat sich entschlossen, die Querdehnungszahl des Betons an unbewehrten Betonkörpern, unter besonderer Rücksichtnahme auf die federnden Formänderungen zu ermitteln.

Wir wollen nun im folgenden über die verschiedenen Versuchsverfahren zur Ermittlung der Querdehnungszahl einen Überblick geben. Es seien hier die folgenden Verfahren genannt:

1. Druckversuchsverfahren (reiner Druck),
2. Zugversuchsverfahren (reiner Zug),
3. Biegungsversuchsverfahren,
4. Torsionsversuchsverfahren,
5. Versuchsverfahren mit Hilfe der Fortpflanzungsgeschwindigkeit der Wellen in einem Medium (dynamisches oder akustisches Versuchsverfahren).

---

[1] Roš, M.: Versuche zur Klärung der Frage der Bruchgefahr. Verhandlungen d. 2. Internat. Kongr. f. techn. Mechanik, Zürich 1926.

1. Druckversuchsverfahren.

Die Druckfestigkeit des Betons wird für praktische Zwecke, wie es im allgemeinen üblich ist, an Würfeln geprüft. Man rechnet hierbei als Druckfestigkeit den Wert $\sigma = P/F$. Jedoch entspricht das nicht einer absoluten theoretischen Richtigkeit, da man hierbei keinen gleichmäßigen einachsigen Spannungszustand erwarten kann. Dieser Umstand ist verursacht durch die Reibung der Druckflächen, welche die Querdehnung des Versuchskörpers an diesen Stellen verhindert und zu den sogenannten Druckkegeln führt und bei weiterer Formänderung auf den Versuchskörper eine Keilwirkung ausübt. Dieser störende Einfluß wird verkleinert, wenn man dem Versuchskörper längliche Prismenform gibt. Wie weit dann dadurch der Reibungseinfluß beseitigt werden kann, zeigen die Untersuchungen über den Spannungszustand in Prismen oder Zylindern unter Druck z. B. von Filon[1], Föppl[2], Girtler[3], Mysz[4], Timoschenko[5], Knein[6] und Riedel[7].

Die Schwierigkeit dieses Problems liegt darin, daß sich das tatsächliche Verhalten der Reibungsflächen schwer ermitteln läßt. Es bleibt eine offene Frage, ob die Reibung ein Gleiten vollständig oder nur zum Teil verhindert, und wie infolgedessen die Spannungsverteilung an den Druckflächen des Versuchskörpers ist.

Beim Druckversuch geht man im allgemeinen von folgenden Annahmen aus:

a) „Daß die elastische Formänderung der Druckplatten unmerklich sei gegenüber der Formänderung des Versuchskörpers." Diese Annahme kann wohl, namentlich für Beton, den Tatsachen entsprechen. Es können also hierbei die Druckplatten als vollkommen starr angesehen werden.

b) „Daß der Reibungskoeffizient groß genug sei, daß kein Punkt der Druckflächen, während der Belastung, eine Verschiebung längs der Fläche erfährt, d. h. die Querdehnung in der Druckfläche wird überall vollständig verhindert." Daß bei Beton diese Annahme nicht ganz zutreffend ist und daß sogar eine weitgehende

---

[1] Filon, G.: On the elastic equilibrium of circular cylinders under certain practical systems of load, Phil. Trans., London, Series A, vol. 198, p. 147. 1902.

[2] Föppl, A.: Mittlg. aus d. mech.-techn. Lab., München 1900, H. 27; ferner A. u. L. Föppl: Zwang u. Drang Bd. 1, S. 40 u. 116.

[3] Girtler, R.: Über das Potential der Spannkräfte in elastischen Körpern als Maß der Bruchgefahr. Wiener Berichte, Abt. IIa, 1907, S. 509.

[4] Mysz, E.: Beitrag zur Theorie des Druckversuchs. Dissertation, Techn. Hochschule Darmstadt 1909.

[5] Timoschenko, M. S.: The approximate solution of two-dimensional problems in elasticity. Phil. Mag. 6 series, june 1924, p. 282.

[6] Knein, M.: Zur Theorie des Druckversuchs. Abhdlg. Aerody. Inst., Techn. Hochschule Aachen, H. 7. 1927.

[7] Riedel, W.: Beiträge zur Lösung des ebenen Problems eines elastischen Körpers mittels der Airyschen Spannungsfunktion. Z. ang. Math. Mech. Bd. 7, S. 170. 1927 (Göttinger Dissertation).

Beseitigung der Druckflächenreibung mit geeignetem Schmiermittel erzielt werden kann, ist versuchsweise bewiesen[1][2][3][4].

c) „Daß die Seitenflächen des Versuchskörpers unter Vernachlässigung der Schwerkraft spannungsfrei seien."

d) „Daß die Druckflächen des Versuchskörpers unter Druck stets eben bleiben." Diese Annahme kann für Beton als wahrscheinlich bezeichnet werden.

Girtler zeigt in seiner Abhandlung, daß unter der Annahme einer gleichmäßig verteilten Druckübertragung, also ohne Mitwirkung von Reibungen, auf die Druckflächen des unter Druck stehenden Zylinders, die betreffenden Flächen nicht eben bleiben können, sondern daß an ihnen rotationsparabolische Einsenkungen auftreten, die konkav für den Zylinder und konvex für die Druckplatten sind, während Ebenbleiben der Druckfläche die Voraussetzung ungleichmäßiger Druckübertragung in sich schließt. Gemäß a) wird bei Druckversuchen an Betonkörpern die Druckplatte als ebenbleibend vorausgesetzt werden können.

Die Lösungsmethode, wie sie in den früheren Arbeiten von Filon, Girtler u. a. durchgeführt wurde, wobei man das Problem als regulär auffaßte, vermag die Bedingung des Ebenbleibens der Druckflächen nicht zu erfüllen. Dazu müßte man noch singuläre Lösung einführen, wie es in der v. Kármán und Kneinschen Arbeit geschehen ist. Ferner könnte diese durch Anwendung der Potentialtheorie vereinfacht werden. Diesen Punkt hat Pöschl[5] angedeutet.

Knein hat das Problem als ebenes (zweidimensionales) behandelt, und zwar mit den obengenannten Annahmen, um eine strengere Lösung mit Hilfe der Airyschen Spannungsfunktion zu erhalten. Sein Erfolg liegt übrigens darin, daß er in dieser eine geschickte Form gewählt hat[6].

---

[1] A. Föppl hat beim Versuch mit Betonwürfeln als Schmiermittel Stearin gewählt, um die Hinderung der Querdehnungen an den Druckflächen zu beseitigen. Mittlg. Techn. Hochschule München, 1900, H. 27.

[2] Gehler, W.: Die Würfelfestigkeit und die Säulenfestigkeit als Grundlage der Betonprüfung und die Sicherheit von Beton und Eisenbetonbauten. Bauing. Jan. 1928, H. 2, S. 26 (Stearin als Schmiermittel).

[3] Roš und Eichinger haben die Versuche mit verschiedenen Baustoffen mit und ohne Stearin durchgeführt, um den Reibungseinfluß zu ermitteln.

[4] Es sei doch bemerkt, daß diese Versuchsart mit Stearinschmierung zur Ermittlung der Druckfestigkeit nicht zu empfehlen ist. Der Grund ist der, daß an den Druckflächen solche Druckverteilung entstehen kann, daß am Rand die Druckspannung gleich der Druckfestigkeit von Stearin (sehr gering, praktisch Null) ist.

[5] Pöschl, Th.: Zur Theorie des Druckversuchs für zylindrische Körper. Z. ang. Math. Mech. Bd. 7, S. 424. 1927.

[6] Als solche Funktion hat Knein für einen Prismenkörper, bei dem $\infty \geqq l/d > \sim 1$ ist ($l \ldots$ Länge; $d \ldots$ Breite), die Formel $\varphi \leqq \dfrac{\pi}{2\,m}$ angegeben.

So z. B. für

$m = 2$	$\varphi = 45^0$	
$m = 3$	$\varphi = 30^0$	
$m = 5$	$\varphi = 18^0$	
$m = 6$	$\varphi = 15^0$	$0 \leqq \varphi \leqq 45^0.$
$m = 9$	$\varphi = 10^0$	
$m = 10$	$\varphi = 9^0$	
$m = \infty$	$\varphi = 0^0$	(Fortsetzung dieser Fußnote s. S. 11.)

Obwohl wir in der Airyschen Spannungsfunktion ein wertvolles Hilfsmittel zur Berechnung ebener Spannungs- und Formänderungszustände haben, bringt die Eigenart der Randbedingungen es mit sich, daß selbst bei bekannter Spannungsfunktion eine brauchbare und vor allem rechnerisch bequem durchführbare Lösung des Spannungsproblems sehr schwer zu ermitteln ist.

Bezüglich der Querdehnungszahl kommt Knein zu folgenden Ergebnissen:

a) Der Winkel, den ein Strahl der Bruchkegel mit der seitlichen Begrenzung einschließt, ist eine Funktion der Querdehnungszahl.

b) Die Erhöhung der Bruchlast, die mit abnehmender Länge des Versuchskörpers zustande kommt, ist neben der Querdehnungszahl noch in stärkerem Maße von der Gestalt der Mohrschen Elastizitätsgrenze abhängig.

Riedel behandelte die Drucktheorie, indem er das Problem ebenfalls als ebenes betrachtete und von der Airyschen Spannungsfunktion ausging. Er verwendete hierbei das Fachwerksverfahren und gewann die Spannungen eines elastisch-isotropen Kontinuums vermittels der Fachwerksspannungen, indem Feinmaschigkeit des Fachwerks angenommen wurde, nach dem Gedanken von Wieghardt[1] und Engesser[2]. Man erhielt hierbei ein sehr anschauliches Bild der Spannungsverteilung im gedrückten Körper. Jedoch ist das Lösungsverfahren nicht ganz so geeignet für die Ermittlung der Spannungsverteilung an Druckflächen (singulären Stellen) wie dasjenige von Knein.

Für unseren Versuchszweck muß nun dahin gestrebt werden, bei den Elastizitätsmessungen den Einfluß der Reibung an den Druckflächen zu beseitigen und wenn möglich den Spannungszustand

$$\sigma_x = \frac{P}{F}, \qquad \sigma_y = 0, \qquad \sigma_z = 0, \qquad \tau = 0$$

zu erhalten.

Dies kann dadurch erzielt werden, daß man die Versuchskörper genügend lang nimmt und die Meßstellen in den mittleren Stellen des Körpers konzentriert. Die Länge wird aber bald durch Knickgefahr begrenzt werden. Nach der Kneinschen Ableitung folgt, daß ein Körper, dessen Länge größer ist als die 1,5fache Breite, sich in der Mitte praktisch

---

φ stellt die Stelle dar, wo die Differenz der Hauptspannungen $|\sigma_1 - \sigma_2|$ Maximum wird (Mohrscher Gleitfläche).

Wenn l/d wesentlich kleiner als 1 wird, so versagt die Elastizitätstheorie, für das Verhalten des Körpers in der Nähe der Bruchlast Aufschlüsse zu geben. Man kann sich dann helfen, indem man die Plastizitätstheorie anwendet.

[1] Wieghardt, K.: Über eine Grenzübertragung der Elastizitätslehre. Verhdl. d. Vereins z. Behörde d. Gewerbfleißes Bd. 85, S. 139. 1906.

[2] Engesser, F.: Beton Eisen 1918, S. 154.

ebenso wie bei ungehinderter Querdehnung verhält, allerdings unter Annahme der Querdehnungszahl $m = 4{,}11$.

Da derartige Druckversuche direkt die im Versuchskörper auftretenden Spannungen σ_x ermitteln lassen, so haben dieselben großen Vorteil gegenüber den anderen Versuchsverfahren, wo man Spannungen aus Formeln berechnen muß, wodurch die gewonnenen Ergebnisse mehr oder weniger unsicher werden, zumal die Ermittlung der Beziehung zwischen den Spannungen und Querdehnungszahlen einen wesentlichen Teil der Aufgabe bildet.

2. Zugversuchsverfahren.

Betreffs der exakten Ermittlung der im Versuchskörper tatsächlich auftretenden Spannungsgröße hat der Zugversuch prinzipiell den gleichen Vorteil wie der Druckversuch. Während die dehnbaren Materialien wie die schmiedbaren Metalle einen gleichmäßigen einachsigen Spannungszustand bei Zugversuchen leichter als bei Druckversuchen herstellen lassen, ist dies bei spröden Materialien (wie Steine u. dgl.) nicht der Fall.

Bei Betonkörpern treten bei Zugversuchen mehr Schwierigkeiten auf als bei Druckversuchen, da es dabei sehr viel schwieriger ist, gleichmäßige Spannungsverteilung zu erhalten, was oft zu einer Zerstörung an der Einspannstelle führt.

3. Biegungsversuchsverfahren

a) mit Hilfe von Krümmungen,
b) mit Hilfe von Senkungen,
c) vereinfachtes Verfahren.

a) Das Krümmungsverfahren zur Ermittlung der Querdehnungszahl elastischer Körper beruht auf der Beobachtung der Hauptkrümmungen (der Krümmungen der sattelförmigen Fläche, nach der sich die neutrale Fläche eines rechteckigen Balkens krümmt), wenn er auf seine ganze Länge auf reine Biegung beansprucht wird. Dann ergibt sich folgende Beziehung:

$$ m = \frac{\text{Längenänderung}}{\text{Querdehnung}} = \frac{\text{Krümmung in der Längsrichtung}}{\text{Krümmung in der Querrichtung}} . $$

Von diesem Prinzip gingen die Versuche von Cornu[1], Mallock[2], Straubel[3], Jessop[4] und Carrington[5] aus. Cornu ermittelte die Querdehnungszahl von Glas. Er fand die neutrale Fläche von Glasbalken

[1] Cornu, M. A.: Comptes Rendus 1869, p. 333.
[2] Mallock, A.: Proc. roy. Soc., Lond., vol. XXIX. 1879.
[3] Straubel: Ann. Phys. 1899, S. 369.
[4] Jessop, H. T.: Phil. Mag. vol. 42, p. 551. 1921.
[5] Carrington, H.: Phil. Mag. vol. 41, p. 206. 1921.

durch Interferenzstreifen, die er vermöge einer an dem verbogenen Balken angelegten Glasplatte erzeugte. Ähnlich ist das Jessopsche Versuchsverfahren. Der Glasbalken wurde auf zwei Schneiden aufgelegt und einer Belastung unterworfen, welche durch Gewichte an den Balkenenden erzeugt wurde. Das Bedeckungsglas war dabei entweder direkt an den Balken angelegt, oder es war mit Hilfe kleiner Schrauben an dem Balken befestigt. Die optisch geschliffene untere Seite des Bedeckungsglases besaß zwei senkrecht zueinander eingeschnittene Skalen, um den Fehler, der durch die Kameralinse entstand, zu beobachten. Als Lichtquelle verwendete er eine Sodiumflamme, deren unveränderliche Helligkeit imstande war, deutliche Interferenzstreifen zu geben.

Der Carringtonsche Versuch[1] unterscheidet sich von dem oben erwähnten durch die Methode, mit der die Krümmungen des Balkens gemessen wurden. In der Abb. 1 ist das Verfahren zur Messung der Längenkrümmung schematisch dargestellt.

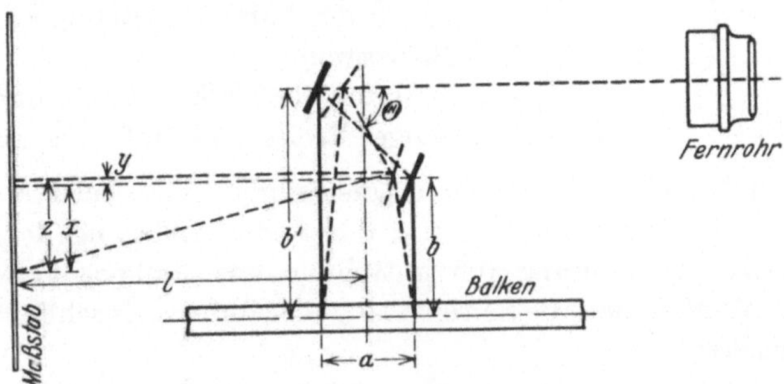

Abb. 1.   Carringtonscher Versuch.

Ein paar Stäbchen, an deren Köpfen kleine Spiegel drehbar angeordnet sind, sind in den Balken eingesteckt, damit sie an der Krümmung des Balkens teilnehmen können. Die von den Spiegeln zweimal reflektierten Ablesungen vom Maßstab sind durch ein Fernrohr abzulesen, welches mit dem Maßstab und den Spiegeln in die Ebene der Biegung des Balkens fällt. Der von y (siehe Abb. 1), der Differenz von x und z, verursachte Fehler kann beseitigt werden, wenn man die Größen von Θ, a, b und b' in folgender Beziehung wählt:

$$\sin 2\Theta = \frac{4a}{b+b'},$$

also etwa $a = 3\,\text{cm}$, $b = 4,5\,\text{cm}$, $b' = 7,5\,\text{cm}$ und $\Theta = 45^0$.

---

[1] Dieses Versuchsverfahren wurde schon von König benutzt, mit der verbesserten Methode hat Kusakabe Elastizitätskoeffizienten von Gesteinen untersucht. Vgl. A. König: Über eine neue Methode zur Bestimmung des Elastizitätsmoduls. Wied. Ann. Bd. 28. 1886; ferner S. Kusakabe: Modulus of elasticity of rocks, J. coll. of Sci. Tokio 1905.

Analog ist die Messung für die Querrichtung. Die Querdehnungszahl kann nun ohne weiteres aus den beiden Ablesungen von Längs- und Querrichtungen abgeleitet werden.

b) Man kann statt der Krümmung auch die Senkung des Balkens zur Ermittlung der Querdehnungszahl benutzen.

Morrow[1] hat Querdehnung eiserner Balken untersucht, und zwar mit einem von ihm selbst entworfenen Spiegelapparat, welcher zur Messung der Breitenänderung des Balkens dienen konnte.

Man nimmt einen Balken mit konstantem, rechteckigem Querschnitt an, welcher an seinen beiden Enden unterstützt ist, und belastet ihn in Balkenmitte. Liegt das Koordinatensystem in einem der Nullpunkte, so sei bezeichnet (vgl. Abb. 2)

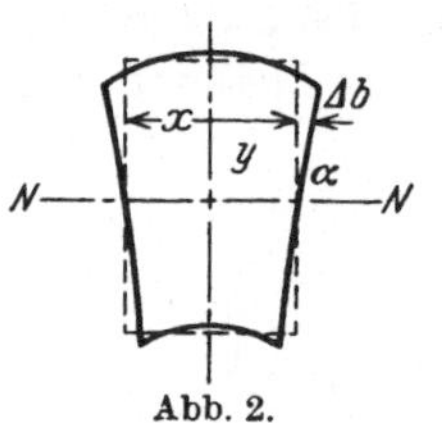

Abb. 2.

$x =$ Ordinate in der Längsrichtung (Nullinie),
$y =$ senkrechter Abstand von der Nullinie,
$\sigma_{(x\,y)} =$ Normalspannung an der Stelle $(x,\ y)$,
$P =$ die in der Mitte des Balkens aufgebrachte Belastung,
$\delta_{(x)} =$ Senkung der Nullinie des Balkens,
$l,\ b,\ d =$ Länge, Breite und Höhe des Balkens.

Wenn bei einem beliebigen Querschnitt eines belasteten Balkens, innerhalb des Bereiches $0 < x < 0{,}5 \cdot l$, die Änderung der Breite und gleichzeitig die Senkung der Mittellinie des Balkens gemessen wird, wird der Winkel, den die Seiten des Querschnittes einschließen, wie folgt ausgedrückt:

$$\operatorname{tg} \alpha = \frac{\Delta b}{y}, \qquad E = \frac{\sigma}{\varepsilon_l} = \frac{\sigma}{m \cdot \varepsilon_q};$$

hierbei

$$\varepsilon_l = \text{Längenänderung}, \quad \varepsilon_q = \text{Querdehnung}.$$

$$\Delta b = \frac{b}{2} \cdot \varepsilon_q = \frac{b\sigma}{2mE},$$

$$\operatorname{tg} \alpha = \frac{b\sigma}{2mEy}. \tag{1}$$

Die Senkung $\delta_{(x)}$ kann nach folgender Gleichung oder besser direkt durch genaue Beobachtung ermittelt werden.

$$\delta_{(x)} = \frac{Pl^2}{16EJ}x - \frac{Px^3}{12EJ}. \tag{2}$$

Nun

$$\sigma = \frac{M}{J} \cdot y = \frac{Pxy}{2J}, \tag{3}$$

$M =$ Biegungsmoment im Querschnitt x.

---

[1] Morrow, J.: On the distribution of stress and strain in the cross-section of a beam. Proc. roy. Soc. Lond. vol. LXXIII, p. 13. 1904; ferner über die Meßapparate: Phil. Mag. 6. Series, vol. VI, p. 417. Oct. 1903.

Wenn aus Gleichungen (1), (2) und (3) σ, E, y, P eliminiert werden, so bekommt man folgende Gleichung:

$$\operatorname{tg}\alpha = \frac{12\,\delta_{(x)}\,b}{m\,(3\,l^2 - 4\,x^2)}\,,$$

$$m = \frac{12\,\delta_{(x)}\,b}{(3\,l^2 - 4\,x^2)\,\operatorname{tg}\alpha}\,.$$

Solche Formeln lassen sich auch für den Fall der reinen Biegung ableiten. Die Begrenzungen des Balkenquerschnittes, welche ursprünglich einen rechteckigen Querschnitt bilden, zeigen nach der Belastung Wölbung. Den Winkel α hat Morrow durch Versuchsergebnisse bestimmt, wobei er die Änderung der Begrenzungskurven als geradlinig annahm.

Es ist vielfach ganz interessant, hier die Resultate der Morrowschen Versuche kurz zu streifen, die an Gußeisen ausgeführt wurden, einem Material, das ja bekanntlich ebenfalls nicht dem Hookeschen Gesetz folgt:

Bei niedrigen Belastungen sind die (federnden) Querdehnungen so, daß die seitlichen Begrenzungslinien gerade bleiben. Bei zunehmenden Belastungen ist die Zunahme der Querdehnung in der Zugzone bei den inneren Fasern (nahe der Mittellinie) größer als bei den äußeren. Bei weiterer Steigerung der Belastung in der Druckzone gerade umgekehrt. Ferner hat er noch eine Wanderung der Nullinie mit zunehmender Belastung festgestellt und gefunden, daß sich zwischen den durch Versuche beobachteten Spannungsgrößen und den nach der Theorie berechneten merkwürdige Abweichungen ergeben, so daß die ersteren viel kleinere Werte als die letzteren annehmen.

Wollte man das Morrowsche Senkungsverfahren für Betonbalken zugrundelegen, so wäre mindestens die Wahl gleichförmig verteilter Belastung zu empfehlen, für die bekanntlich von Mesnager schon 1901 die strenge Lösung nach der mathematischen Elastizitätstheorie gegeben wurde[1].

c) Wenn die Krümmungen des Balkens in Längs- und Querrichtungen so klein sind, daß die gebogenen Balkenflächen als Ebene angenommen werden können, so kann man die Querdehnungszahl in den äußersten Flächen (Fasern) ermitteln, indem man an diesen Flächen Längen- und Querdehnungen beobachtet (Tanabescher Versuch), da mit den üblichen Dehnungsmeßapparaten sich nur die geradlinigen Änderungen zwischen zwei Punkten messen lassen, und nicht etwa die bogenförmige Änderung.

Abgesehen von der Abweichung, die durch die geradlinige Messung der gebogenen Formänderungen vorkommt, können die Ergebnisse, welche durch dieses Verfahren erhalten werden, ziemlich starke örtliche

---

[1] Vgl. A. Föppl: Vorlesungen über Techn. Mech. Bd. 5, S. 58—62.

Einflüsse an den äußeren Fasern erleiden, da die Formänderung in den inneren Fasern, wie es Morrow, wie oben erwähnt, beobachtet hat, von denen der äußeren Fasern sich stark abweichend verhalten können. Bei Beton ist daher das Carringtonsche Verfahren vorzuziehen, da es örtliche Einflüsse besser ausschaltet.

4. Torsionsversuchsverfahren.

Für die Ermittlung von m nach dem Torsionsverfahren gilt bekanntlich die folgende Formel:

$$m = \frac{1}{\dfrac{E}{2\,G} - 1},$$

wobei G und E durch Versuche festgestellt werden müssen.

Bach und Graf haben bei der Untersuchung der Widerstandsfähigkeit von Beton und Eisenbeton gegen Verdrehung auf diese Weise m als Nebenergebnis gefunden. Die so ermittelten Werte von m scheinen abhängig von der Größe der Spannung zu sein. Voigt hat bei der Untersuchung der Elastizitätskonstanten E und G von Mineralien E durch Biegungsversuche und G durch Torsionsversuche ermittelt und hieraus m berechnet, wobei er für verschiedene Kristallsorten geeignete Berechnungsformeln abgeleitet hat[1].

Allgemeine Berechnungsformeln zur Ermittlung von G und E sind in Lehrbüchern zu finden, z. B. Bach u. Baumann, Elastizität und Festigkeit. Bei den Torsionsversuchen mit Betonkörpern hat man ohne Ausnahme G aus der Beziehung zwischen Drehmoment M_d und Verdrehung Θ oder Verschiebung φ berechnet, und zwar für kreisförmige Querschnitte nach den Formeln:

$$\Theta = \frac{\varphi}{r}, \qquad G = \frac{\tau}{\varphi} = \frac{\tau}{\Theta r},$$

$$\tau = \frac{2}{\pi}\frac{M_d}{r^3}, \qquad G = \frac{2}{\pi}\cdot\frac{M_d}{\Theta r^4}.$$

Neuerdings hat Miyamoto[2] hervorgehoben, daß beim Torsionsversuch mit Beton- und Eisenbetonkörpern, namentlich für höhere Belastung, die folgenden Formeln besser geeignet sein dürften:

$$\tau = \frac{7}{4\,\pi}\frac{M_d}{r^3}, \qquad G = \frac{7}{4\,\pi}\frac{M_d}{\Theta r^4}.$$

---

[1] Voigt, W.: Pogg. Ann. Ergbd. 1875, S. 185 u. 189; Wied. Ann. 1882, S. 408, 421 u. 427; 1886, S. 604.

[2] Miyamoto, T.: Verdrehungsversuche mit unbewehrten und bewehrten Betonkörpern, Mitt. a. d. Laboratorium d. Bauingenieurwesens im Ministerium des Innern H. 6, Tokio 1927.

Da sämtliche Ableitungsformeln für G durch Torsionsversuche auf den Voraussetzungen beruhen, daß Proportionalität zwischen Spannungen und Verdrehungen besteht, und ferner das Material homogen und isotrop ist, so können solche Ableitungen für Beton nur annähernde Werte für m ergeben. Carrington hat bei Torsionsversuchen mit Eisen von nicht isotroper Struktur weniger sichere Werte von m bekommen, als bei isotropen Materialien. Es ist daher nicht zu empfehlen, das Torsionsverfahren zur Ermittlung der Zahl m für Beton zu verwenden, zumal die Schwankungen von E/G zu verhältnismäßig großen Ungenauigkeiten führen können.

5. Versuchsverfahren mit Hilfe der Fortpflanzungsgeschwindigkeit der Wellen in einem Medium (dynamisches oder akustisches Verfahren).

An Methoden zur Ermittlung der Elastizitätsmoduli (im allgemeineren Sinn, es ist also nicht nur E gemeint) der elastischen Körper gibt es neben statischen auch dynamische. Für manche Fälle werden dynamische Methoden bevorzugt, nämlich wenn es sich um dynamische Belastungen oder elastisches Verhalten weicher Körper handelt. Weiche Körper, wie Wachs, Paraffin, unterliegen starken elastischen Nachwirkungen, so daß sich je nach Belastungsanordnung sehr verschiedene Moduli ergeben würden, ein Mangel, der noch bei höheren Temperaturen vergrößert wird. In höherer Temperatur beginnen diese Körper nämlich schon unter Einwirkung der Schwerkraft langsam kontinuierlich zu fließen, was dann eine statische Messung von Elastizitätsmoduli ganz fehlerhaft machen würde, für m aber den Wert 2 wie bei Flüssigkeiten ergeben müßte.

Der Mangel des statischen Meßverfahrens ist auch vom Standpunkt der Seismologie bemerkt. Es wurde nämlich darauf aufmerksam gemacht, daß, nach seismologischen Beobachtungen, die mit statischen Verfahren ermittelten E-Werte der Gesteine der Erdschichten für die Erklärung des Erdbebensverlaufes nicht als zutreffend zu bezeichnen sind[1].

Für solche Fälle benutzt man besser ein dynamisches oder akustisches Verfahren. Auf dynamischem Wege lassen sich nämlich mit Hilfe der Fortpflanzungsgeschwindigkeiten der Wellen von der elastischen Nachwirkung unabhängige Moduli finden; es ist damit nicht gesagt, daß die Wellenfortpflanzungsgeschwindigkeiten sowohl als auch die daraus ermittelten Elastizitätsmoduln absolut konstant, sowie von der

---

[1] Kusakabe, S.: Kinetic measurement of the modulus of elasticity. J. of the college of science. Tokio 1905.

Amplitude und Wellenlänge der fortpflanzenden Wellen und der Temperatur unabhängig sind. Der Temperatureinfluß ist bei weichen Körpern, wie Wachs, Paraffin, Spermazet, sehr merkwürdig. Die E-Moduli nehmen mit wachsender Temperatur sehr rasch ab[1].

a) Versuche bei einem unbegrenzten Medium. Wir wissen, daß in jedem elastischen Körper zwei ganz verschiedene, voneinander vollständig unabhängige Typen von Schwingungen entstehen und sich fortpflanzen können, nämlich longitudinale und transversale Wellen.

Nach der Wellentheorie kann folgende Beziehung abgeleitet werden, unter der Voraussetzung, daß das Medium, durch welches die betreffenden Wellen gehen, die gegebene schwingende Bewegung nicht absorbiert:

$$m = \frac{\left(\dfrac{V_L}{V_T}\right)^2 - 1}{\dfrac{1}{2}\left(\dfrac{V_L}{V_T}\right)^2 - 1} \; ; \qquad\qquad (1)\,[2]$$

hierbei $m = $ Querdehnungszahl des Materials,

$\quad V_L = $ die Fortpflanzungsgeschwindigkeit der longitudinalen Welle durch das Material (unbegrenztes Medium)[3],

$\quad V_T = $ dgl. der transversalen Welle[3].

Wenn wir aus Versuchen das Verhältnis V_L/V_T kennen, so läßt sich für das gegebene Material die Querdehnungszahl ermitteln.

Zöppritz und Geiger[4] haben die Querdehnungszahlen von Erd-

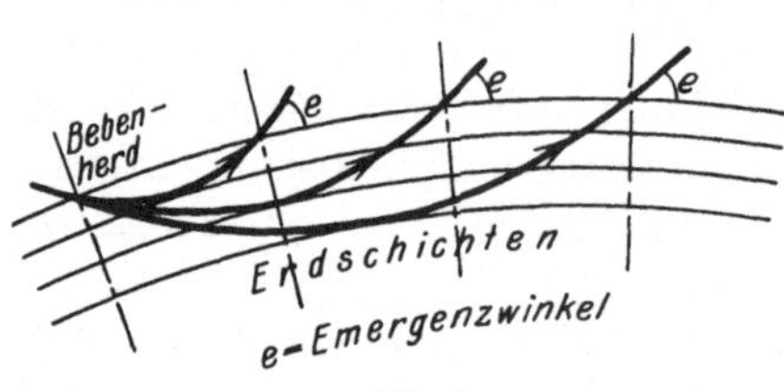

Abb. 3.

schichten gemessen, indem sie die Dauerzeiten mit Seismographen registrierten, welche die longitudinalen und transversalen Wellen des künstlichen Erdbebens brauchten, um vom Erdbebenherd bis zu einer nahen Station zu gelangen. Sie haben für V_L und V_T in den obersten Schichten der Erde folgende Werte gefunden:

$$V_L = 7{,}17 \text{ km/sek}, \qquad V_T^{\text{r}} = 4{,}01 \text{ km/sek},$$

daraus bekommt man nach der obigen Formel $m = 3{,}703$.

---

[1] Smoluchowski, M. v.: Akustische Untersuchung über die Elastizität weicher Körper. Wien. Ber. 1894, IIa, S. 739.

[2] Vgl. Galitzin, B.: Vorlesungen über Seismometrie (deutsch von O. Hecker), S. 60. — Hort, W.: Techn. Schwingungslehre, 2. Aufl., S. 196.

[3] Vgl. Abschnitt III, 7 Wellenarten usw.

[4] Zöppritz, K. u. L. Geiger: Über Erdbebenwellen. Göttinger Nachrichten 1909, S. 400.

Die Fortpflanzungsgeschwindigkeiten der beiden Wellen in verschiedenen Tiefen der Erde kann man auch nach der Seismologietheorie rechnen, d. h. aus der Größe des Emergenzwinkels für verschiedene Epizentralentfernungen. Der Emergenzwinkel wird aus der Laufzeitkurve oder durch direkte Beobachtung mit geeigneten, an der Erdoberfläche aufgestellten Anparaten ermittelt[1] (vgl. Abb. 3). Auf diese Weise haben Zöppritz und Geiger die Berechnung der Fortpflanzungsgeschwindigkeiten und darnach Querdehnungszahlen für die verschiedenen Erdtiefen bis 1300 km ausgeführt, die jedoch nur unwesentlich voneinander abweichen. Beispielsweise ergibt sich:

$$\text{für die Tiefe} \quad 500 \text{ km} \quad m = 3{,}703\,,$$
$$\text{,, \quad ,, \quad ,,} \quad 1000 \text{ ,,} \quad m = 3{,}703\,,$$
$$\text{,, \quad ,, \quad ,,} \quad 1300 \text{ ,,} \quad m = 3{,}731\,.$$

Solche Versuchsverfahren sind für die Untersuchung des Verhaltens eines Materials gegen dynamische Einwirkungen sehr nützlich, zumal das elastische Verhalten eines Materials unter solcher Einwirkung anders sein kann, als unter einer statischen. Kusakabe[2] hat die Elastizitätsmoduli E der Gesteine mit einem statischen und einem dynamischen Versuchverfahren ermittelt, und zwar das erste nach König und das letztere nach Melde ausgeführt. Dabei hat er die dynamisch ermittelten Elastizitätsmoduli größer gefunden. Diese Abweichung kann darauf zurückgeführt werden, daß die Deformationsgeschwindigkeit eines Materials $\frac{d\varepsilon}{dt}$ sich nicht immer mit gleichem Verhältnis der Spannungsveränderlichkeit $\frac{d\sigma}{dt}$ anpassen kann, was mit der elastischen Nachwirkungserscheinung zusammenhängt.

b) Versuche bei einem stabförmigen Körper. Als Methode zur Messung der Wellengeschwindigkeiten, welche in Laboratorien mit kleineren Versuchskörpern durchführbar sind, steht uns zunächst die Methode, welche von Chladni eingeführt und von Stefan[3], Melde, Kusakabe u. a. erweitert wurde, zu Gebote. Nach dieser Methode läßt sich die Fortpflanzungsgeschwindigkeit der longitudinalen Wellen (Dehnungswellen) in einem stabförmigen Körper ermitteln aus der Tonhöhe, also aus der Eigenschwingungszahl eines longitudinal schwingenden Stabes. Hierbei ist die Geschwindigkeit der Dehnungswellen: $V_D = \sqrt{\dfrac{E}{\varrho}}$, $\varrho = $ Dichte des Materials. Wenn es sich um die Materialien handelt, welche durch Reiben nicht zum Tönen gebracht werden können, kann man Stäbe aus solchen Materialien an einem Holz-

---

[1] Vgl. Galitzin: Vorlesungen über Seismometrie, S. 119.
[2] Kusakabe, S.: Ebenda.
[3] Stefan: Wien. Ber. Bd. 62, 1868.

oder Glas- oder Metallstab befestigen und dieses System schwingen
lassen; durch dieses System wird ein Longitudinalton erzeugt, der von
den Wellengeschwindigkeiten beider Materialien abhängt und daher
die Berechnung einer derselben ermöglicht, wenn die andere gegeben ist.

Um die Querdehnungszahl zu ermitteln, muß man außer der Eigenschwingungszahl bezüglich der longitudinalen Wellen diejenige der
transversalen Wellen feststellen. Da aber bei einem stabförmigen
Körper keine transversale Wellenfortpflanzung vorhanden ist, muß man
bei solchen Versuchskörpern die Geschwindigkeit der Torsionswellen als
Bezugsgröße wählen. Dabei ist die folgende Beziehung zugrunde zu
legen:

$$\frac{1}{m} = \frac{1}{2}\frac{E}{G} - 1 = \frac{1}{2}\left(\frac{V_D}{V_t}\right)^2 - 1,$$

hierbei ist $V_t =$ die Fortpflanzungsgeschwindigkeit der Torsionswelle.

Diese Art der Bestimmung der Querdehnungszahl bietet den Vorteil, daß die Versuche zur Messung von E und G an demselben Stück
und unter denselben Bedingungen stattfinden, was namentlich in bezug
auf die Konstanterhaltung der Temperatur bei weichen Körpern von
Wichtigkeit ist. Der Nachteil ist ähnlich, wie bei dem statischen Torsionsverfahren; E/G wird ungenau.

Die oben erwähnten, vom Standpunkt der Seismologie und Akustik
aus hochinteressanten Versuchsverfahren können jedoch für die vorliegende Untersuchung von Betonkörpern als wenig geeignet bezeichnet
werden, da für diesen Baustoff mit einer Änderung von m bei zunehmender Belastung gerechnet werden muß und gerade dies zu ermitteln
eine wesentliche Aufgabe bildet.

Es ist nämlich bekannt, daß die Querdehnungszahl sich für diejenigen
Materialien, welche von dem Hookeschen Gesetz erheblich abweichen,
im allgemeinen mit der Spannung ändert. Ferner haben Finger[1] und
Thompson[2] darauf hingewiesen, daß die Querdehnungszahl, als auch
Schubmodul, selbst bei Voraussetzung der Gültigkeit des Hookeschen
Gesetzes überhaupt nicht als konstant zu betrachten sind.

So liegt die Frage vor, wie die Querdehnungszahl des Betons von der
Spannung abhängig ist. Die bisherigen Versuche haben sich auch mehr
oder weniger mit dieser Frage beschäftigt. Jedoch kann man kaum
aus den mannigfaltigen Ergebnissen vertrauenswerte Gesetze heraus-
finden, einmal deshalb nicht, weil manche Ergebnisse einander wider-
sprechen, und dann auch, weil die Versuchsverfahren und die Ableitung
der Querdehnungszahl nicht ganz einwandfrei sind.

---

[1] Finger, J.: Das Potential der inneren Kräfte. Wien. Ber. Bd. 103, Abt. IIa,
1894.

[2] Thompson, J. O.: Über das Gesetz der Dehnung, Wied. Ann. Bd. 44,
S. 555—576. 1891.

II. Eigene Untersuchung.

Von den unter 1. bis 5. der Einleitung beschriebenen und bezüglich ihrer Genauigkeit teilweise kritisch beleuchteten Möglichkeiten zur Bestimmung der Querdehnungszahl des Betons scheint das Druckversuchsverfahren bei dem augenblicklichen Stand der Versuchstechnik von störenden Nebenerscheinungen am wenigsten berührt zu werden.

So interessant es auch wäre, nach einer ganzen Reihe von Verfahren die Querdehnungszahl zu bestimmen und die erhaltenen Werte zu vergleichen, für den praktisch tätigen Ingenieur ist es von weit größerer Bedeutung zu wissen, in welcher Weise die verschiedenartigen Einflüsse, denen er sein Bauwerk nicht entziehen kann, auf die Größe der Zahl m wirken. In der folgenden Versuchsreihe sind diese daher immer aus dem Druckversuch ermittelt worden, unter spezieller Berücksichtigung der nachstehenden in erster Linie wissenswerten Einflüsse:

1. Wie verläuft die Querdehnungszahl des Betons mit zunehmenden Spannungen, bezogen auf jungfräuliche Längen- und Queränderungen?

2. Wie verläuft die Querdehnungszahl des Betons mit zunehmenden Spannungen, bezogen auf federnde Längen- und Queränderungen?

3. Wie wird die Querdehnungszahl des Betons vom Alter beeinflußt?

4. Wie wird die Querdehnungszahl des Betons vom Wasserzusatz (Konsistenz; Wasserzement-Faktor) beeinflußt?

5. Wie wird die Querdehnungszahl des Betons vom Mischungsverhältnis beeinflußt?

6. Wie verhält sich die Querdehnungszahl des Betons nach wiederholten Belastungen?

Die Ergebnisse der Untersuchungen sind im folgenden für ruhende und wiederholte Belastungen niedergelegt; die ersteren behandelt Abschnitt I, die letzteren Abschnitt II. Einleitend wird ein Überblick gegeben über die Versuchsanordnung und Herstellung der Versuchskörper. Schließlich wurde der Abschnitt III angefügt, um Beiträge zu den elastisch-physikalischen Eigenschaften des Betons zu liefern, wie:

7. Kompressibilität (Volumenänderung) des Betons unter normalem Druck.

8. Bleibende Formänderungen von Beton.

9. Einfluß der Ruhepause auf die Formänderung des wiederholt belasteten Betons (elastische Nachwirkungen).

10. Elastische Potentiale (Plastizitätsbedingungen).

11. Fortpflanzungsgeschwindigkeiten der elastischen Wellen im Beton.

A. Durchführung und Ergebnisse der Untersuchung.

1. Druckmaschine und Dauerprüfmaschine.

Die Druckmaschine, die für die Elastizitätsmessungen der Längen- und Querdehnungen unter statischer (ruhender) Belastung zur Verfügung stand, war die 500-t-Druckmaschine von Amsler & Co., Schaffhausen. Da man die Belastungsstufe mit dieser Maschine allein nicht genau genug feststellen konnte, wurde eine 20-t-Meßdose vorgeschaltet (Abb. 4).

Die 50-t-Dauerprüfmaschine[1], die für die gleichen Untersuchungen für wiederholte Belastungen benutzt wurde, war von der Düsseldorfer Maschinenbau AG. (vorm. J. Losenhausen AG.) gebaut. Die Belastungszahl kann innerhalb der Grenzen 20 bis 180 pro Min. geregelt werden (Abb. 37).

Um die Verschiebung des Systems — Platte, Körper, Platte — zu vermeiden, war eine Vorbelastung nötig. Dieselbe wurde für sämtliche Messungen zu 144 kg gewählt, was einer Vor-

Abb. 4. Versuchseinrichtung für statische Belastung.

belastung $\sigma = P/F = 10 \text{ kg/cm}^2$ entspricht. Diese geringe Vorbelastung stört die Gültigkeit der Ergebnisse ebensowenig als die vor dem Aufbringen der Nutzlast vorhandene Spannung aus Eigengewicht.

---

[1] Über den Mechanismus der Dauerprüfmaschine sei hingewiesen: E. Probst: Untersuchungen über den Einfluß häufig wiederholter Belastungen auf Beton und Eisenbeton. Verhandlungen d. 2. internation. Kongresses f. techn. Mechanik. Zürich 1926.

2. Versuchskörper.

Als Form des Druckversuchskörpers wurde mit Rücksicht auf den für die Messung der Längen- und Querdehnungen verwendeten Martensschen Spiegelapparat die Prismenform gewählt.

Obwohl hinsichtlich der Querdehnungsmessung möglichst große Querschnittsabmessungen erwünscht sind, ließ sich zufolge der oberen Belastungsgrenze der Meßdose nur ein Querschnitt $12 \times 12 = 144 \, \text{cm}^2$ verwenden. Dieser gestattete, die Elastizitätsmessungen je nach den Festigkeiten der Versuchskörper bis auf ca. $140 \, \text{kg/cm}^2$ zu verfolgen und eine Querdehnungsmeßlänge von 8 cm vorzusehen.

Die Höhe der Versuchsprismen, vielmehr das Verhältnis der Höhe zur Breite des Körpers, muß, wie oben eingehend begründet, genügend groß gewählt werden, damit der Einfluß der Reibung an den Druckflächen ausgeschaltet werden kann. Mit Rücksicht auf die Konstruktion der Dauerprüfmaschine wurde $h = 50$ cm, also $h : b = 4$ gewählt.

Für die größte Korngröße des Zuschlagmaterials wurde mit Rücksicht auf die verhältnismäßig kleine Abmessung der Versuchskörper 16 mm Korngröße angenommen. Eine stärkere Korngröße würde nur die ohnehin nichthomogene Eigenschaft des Betons noch mehr vergrößern und es nur erschweren, die Tendenz des Verlaufes der Querdehnungszahl festzustellen.

Allen Versuchsreihen mit Prismen wurde nur eine Kornzusammensetzung zugrunde gelegt. Dieselbe wurde nach nebenstehender Fullerschen Kurve unterteilt.

Es wurde als Zement gewöhnlicher Portlandzement von der Heidelberger Zementfabrik gewählt. Als Zuschlagmaterialien wurden Rheinsand und -Kies verwendet. Die Prüfung des Zementes ergab folgendes:

Korngröße in mm	%
0,0 bis 0,5	13,5
0,5 „ 1,0	13,5
1,0 „ 3,0	13,0
3,0 „ 8,0	23,0
8,0 „ 16,0	37,0
	100,0

Mittelwerte aus 3 Versuchen:
Spezifisches Gewicht . . 3,01 g/cm³
Mahlfeinheit: Rückstand
  auf 900 Maschensieb 0,75%
      4900 Maschensieb 12,8%
Raumgewicht eingelaufen 1,019 kg/dm³
Raumgewicht eingerüttelt 1,671 kg/dm³
Wasseranspruch 28%
Erhärtungsanfang . . . 3 St 50 Min.
Abbindezeit . . . . . . 9 St.

Druckfestigkeit in kg/cm² nach		Zugfestigkeit in kg/cm² nach	
7 Tagen	28 Tagen	7 Tagen	28 Tagen
228	365	22,2	41,0
238	372	24,2	42,7
244	375	24,2	43,0
244	382	25,6	43,9
251	382	25,8	45,5
251	382	27,1	46,0
	Mittelwerte		
244	376	24,8	43,7

Raumtemperatur . . . . 18 bis 22°,
Raumfeuchtigkeit . . . . 40 bis 50%,
Wasserzusatz . . . . . . 8,75%.

Die Zusammensetzung des Betons für die Versuchskörper ist aus nachstehender Tabelle ersichtlich:

Reihe	Mischungs-verhältnis in Gewichtsteilen	Konsistenz	Wasserzusatz in Gewichts-%	Wasser-zement-faktor	Alter in Tagen
I	1: 6	gießfähig	10,9	0,68	7
II	1: 6	plastisch	8,5	0,60	7
III	1: 6	erdfeucht	6,5	0,45	7
IV	1: 6	gießfähig	10,0	0,68	45
V	1: 6	plastisch	8,5	0,60	45
VI	1: 6	erdfeucht	6,5	0,45	45
VII	1:10	schwach plastisch	6,8	0,75	45
VIII	1: 6	gießfähig	10,0	0,68	90
IX	1: 6	plastisch	8 5	0,60	90
X	1: 6	erdfeucht	6,5	0,45	90
XI	1:10	schwach plastisch	6,8	0,75	90
XII	1: 6	plastisch	8,5	0,60	verschieden

Die Versuchsprismen wurden in liegenden Formen hergestellt. Als Schalung benutzte man auseinandernehmbare eiserne Formen, welche das Institut zum Herstellen der Schwindversuchskörper gebraucht, der Boden der Schalung bestand aus Holzdielen. Um zu verhüten, daß Wasser aus der Schalung herausdringt, wurde dieselbe mit Öl vor jedem Ausfüllen eingeschmiert. Die Bestandteile des Betons: Zement, Zuschlagsmaterial und Wasser wurden für jeden Versuchskörper auf 1 g genau abgewogen und vom Verfasser mit Handmischung hergestellt. Nach 24 Stunden wurden die Versuchskörper ausgeschalt und im Kellerraum des Institutes gelagert, in welchem eine Luftfeuchtigkeit von 90% und eine durchschnittliche Temperatur von 12° C herrscht[1].

Die Stirnfläche des Körpers wurde nachträglich ausgeglichen und sorgfältig parallel und rechtwinklig zu den Längsflächen gemacht. Als Glättungsmittel fand ein Tonerdezement gemischt mit Gips Verwendung, da seine schnelle Abbindezeit sich zu diesem Zwecke besonders eignet. Das Ausgleichen der Stirnfläche wurde zuerst durch Abschneiden mit der Betonschneidemaschine versucht, jedoch mit schlechtem Erfolg, da durch die damit verbundene Vibration das Material beschädigt wurde und der Elastizitätsmodul und die Prismendruckfestigkeit stark zurückgingen, ohne daß die Garantie eines vollständigen Ausgleichs der Flächen gegeben war.

---

[1] Die Eigenschaften der Zuschlagmaterialien und der Aufbewahrungszustand der Versuchskörper waren ungefähr gleich wie diejenigen der Mehmelschen Arbeit: Untersuchungen über den Einfluß häufig wiederholter Druckbeanspruchungen auf Druckelastizität und Druckfestigkeit von Beton, S. 13.

3. Feinmessungen.

Die Feinmessungen geschahen, wie bereits gestreift, mit Hilfe des Martensschen Spiegelapparates. Im Falle der statischen Belastung wurden die Meßlängen für Längenänderungen zu 10 cm, für Querdehnungen zu 8 cm angenommen. Später im Falle der wiederholten Belastungen betrug die Meßlänge 20 cm für Längenänderungen, da es wünschenswert war, die ursprünglichen Änderungen (bezogen auf den ursprünglichen Zustand) genau zu beobachten. Die Meßlineale wurden an den im Körper eingebetteten Einsteckplatten angebracht.

Zur Kontrolle wurden die Messungen an zwei gegenüberliegenden Flächen vorgenommen und auf jeder Fläche je eine Längen- und eine Querdehnung gemessen. Als Versuchsergebnisse wurden die Mittelwerte von je zwei entsprechenden Messungen genommen. Die Größe des Abstandes zwischen Spiegel und Messungsmaßstab am Fernrohr war 500mal so groß als die Schneidenbreite des Spiegels.

4. Belastungsanordnung.

Bevor die Belastungsfolge aufgebracht wurde, war es notwendig, mit kleinen Belastungen zu kontrollieren, ob der Versuchskörper zwischen den beiden Druckplatten symmetrisch gedrückt wird. Diese kleine Belastung wurde nur auf die erste Spannungsstufe 10 bis 20 kg/cm² beschränkt. Diese nicht zu vermeidende Maßnahme schließt es in sich, daß die Meßergebnisse bezüglich der bleibenden Formänderungen beeinflußt werden, so daß sich kleinere Versuchswerte ergeben, als tatsächlich auftreten. Der Fehler ist jedoch, besonders bei höheren Belastungsstufen, nur gering.

Bei Elastizitätsmessungen wurde jede Belastung in einer und derselben Stufe 4- oder 5mal wiederholt. Auch bei höheren Belastungsstufen, bei welchen manche Versuchskörper in den labilen Zustand eintraten, wurde 5mal abgelesen.

5. Jungfräuliche Längen- und Queränderungen.

Unter jungfräulichen Änderungen[1] versteht man diejenigen Änderungen, die sich unter einer ständig kontinuierlich zunehmenden Belastung ergeben. Da Formänderungen von Beton, auch auf eine und dieselbe Belastungsstufe bezogen, mit Lastwiederholungen vor sich gehen, hängt die σ-ε-Kurve von der Lastwiederholung ab. Dabei gibt die jungfräuliche Spannung-Dehnungskurve einen Grenzzustand. Somit kann die jungfräuliche Änderung wohl das geeignetste Maß für den Ver-

---

[1] Der Ausdruck „jungfräulich", welcher von Göttinger Forschern stammt, ist in letzter Zeit sehr populär geworden und sei hier eingeführt.

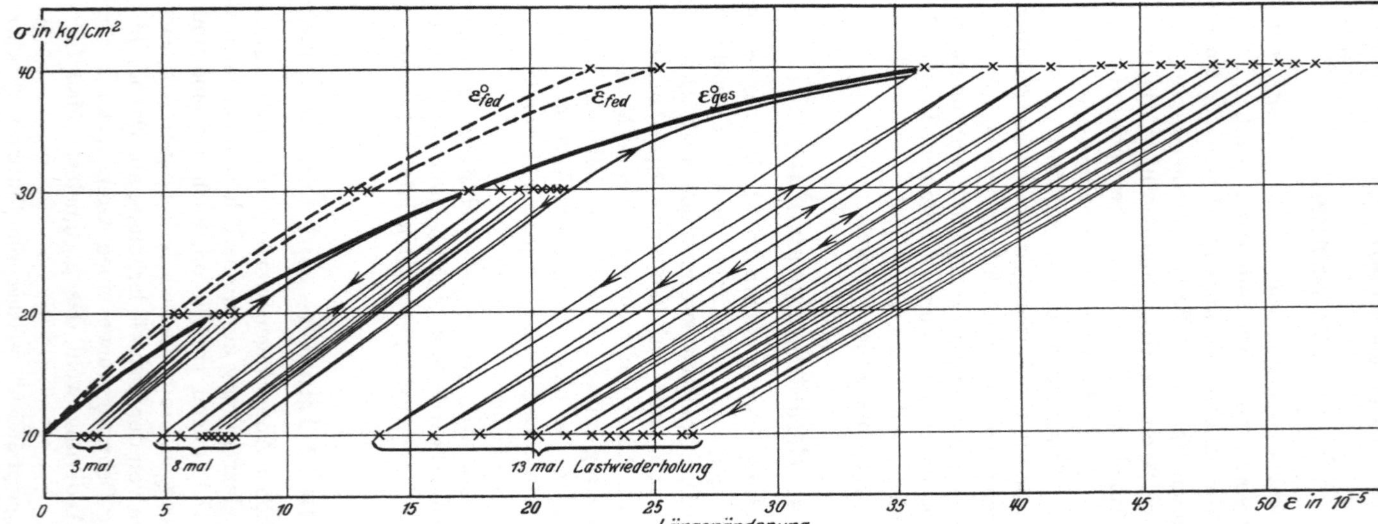

Abb. 5a II.   Vergleich der gesamten Längenänderung mit der jungfräulichen Längenänderung. Versuchsergebnisse von P_4^I bei geringen Lastwiederholungen (Beton 1 : 6, gießfähig, 7 Tage alt, Prismendruckfestigkeit = 59,4 kg/cm²).

(Die stark ausgezogene Kurve stellt die jungfräuliche Längenänderung dar.)

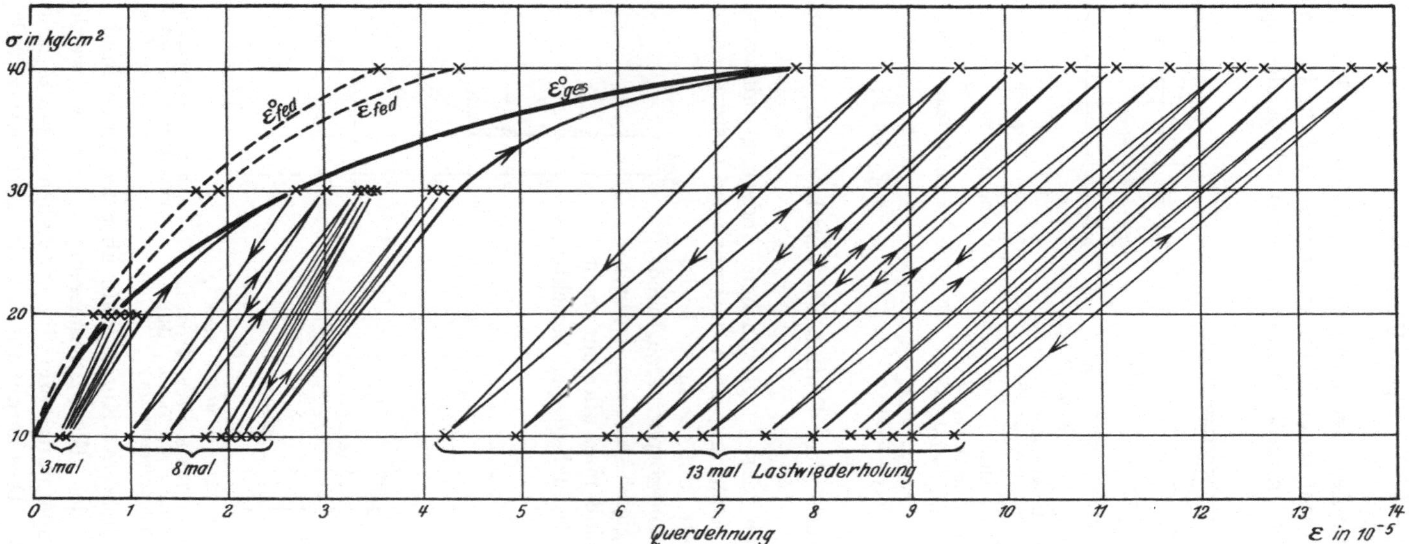

Abb. 5 b II.   Vergleich der gesamten Querdehnung mit der jungfräulichen Querdehnung.   Versuchsergebnisse von P_4^I (Beton 1 : 6, gießfähig, 7 Tage alt).

(Die stark ausgezogene Kurve stellt die jungfräuliche Querdehnung dar.)

gleich der elastischen Verhalten der verschiedenen Betonarten sein, obwohl für den technischen Zweck mehr Wert auf die federnden Änderungen gelegt werden muß. Denn die jungfräuliche Änderung schwankt

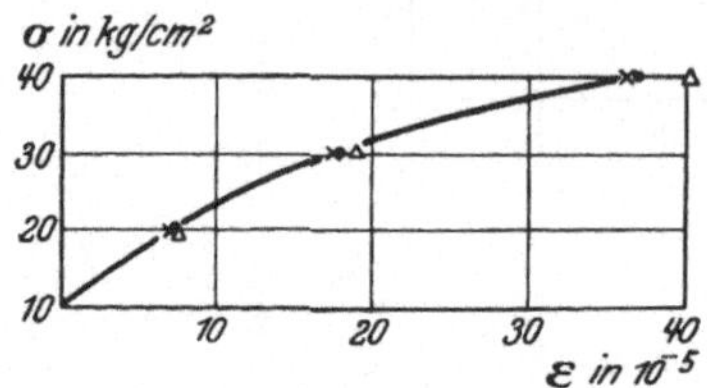

Abb. 5 a I. Vergleich der gesamten Längenänderungen mit der jungfräulichen Längenänderung bei Beton 1 : 6, gießfähig, 7 Tage alt.

△ jungfr. Längenänderungen bei P_1^I
$$(\sigma_{PO} = 56\,\text{kg/cm}^2)$$

● jungfr. Längenänderungen bei F_2^I
$$(\sigma_{PO} = 58\,\text{kg/cm}^2)$$

× ε_{ges}^0 bei P_4^I

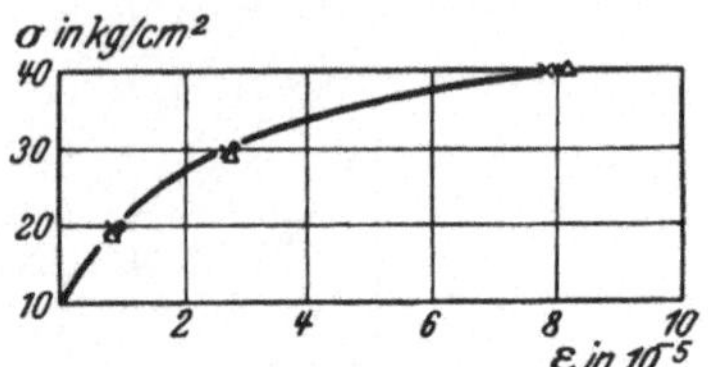

Abb. 5 b I. Vergleich der gesamten Querdehnung mit der jungfräulichen Querdehnung bei Beton 1 : 6, gießfähig, 7 Tage alt.

△ jungfr. Querdehnung bei P_1^I
●   ,,   ,,   ,, P_2^I
× ε_{ges}^0 bei P_4^I

am wenigsten unter dem Einfluß der verschiedenen Belastungsanordnungen.

Der Vergleich der jungfräulichen Änderung mit der gesamten und federnden Änderung nach mehrmaliger Lastwiederholung wird dadurch erschwert, daß es nicht leicht ist, ideale Vergleichskörper herzustellen. Ein genauer Vergleich kann nur dadurch erzielt werden, daß man alles auf einen und denselben Versuchskörper bezieht.

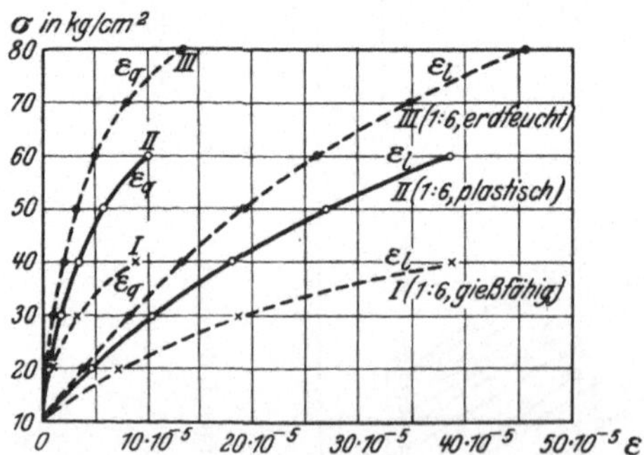

Abb. 6 a. Jungfräuliche Längen- und Queränderungen bei Beton im Alter von 7 Tagen. (Mittelwerte der Versuchsergebnisse.)

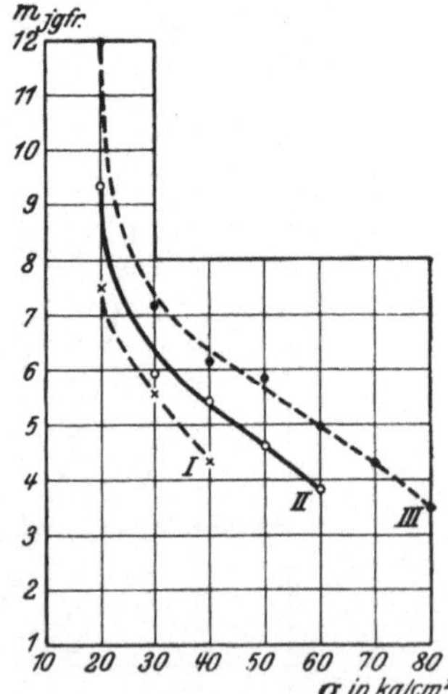

Abb. 6 b. Jungfräuliche Querdehnungszahl m_{jgfr} bei Beton im Alter von 7 Tagen.

Die jungfräuliche σ-ε-Kurve kann aber bei einem und demselben Körper neben der Elastizitätsmessung gewonnen werden, indem man für jede Spannungsstufe die erstmalige gesamte Änderung als Grundlage nimmt. Dies beruht auf dem Hysteresisgesetz, welches bereits

bei Beton, Gußeisen, Flußeisen u. a. nachgewiesen worden ist. Das
elastische Hysteresisgesetz heißt: Die jungfräuliche Kurve oberhalb der
Spannung σ_a wird nicht durch die vorhergegangenen Beanspruchungen
gestört, deren Größen unterhalb σ_a, aber von gleichem Zeichen (beide

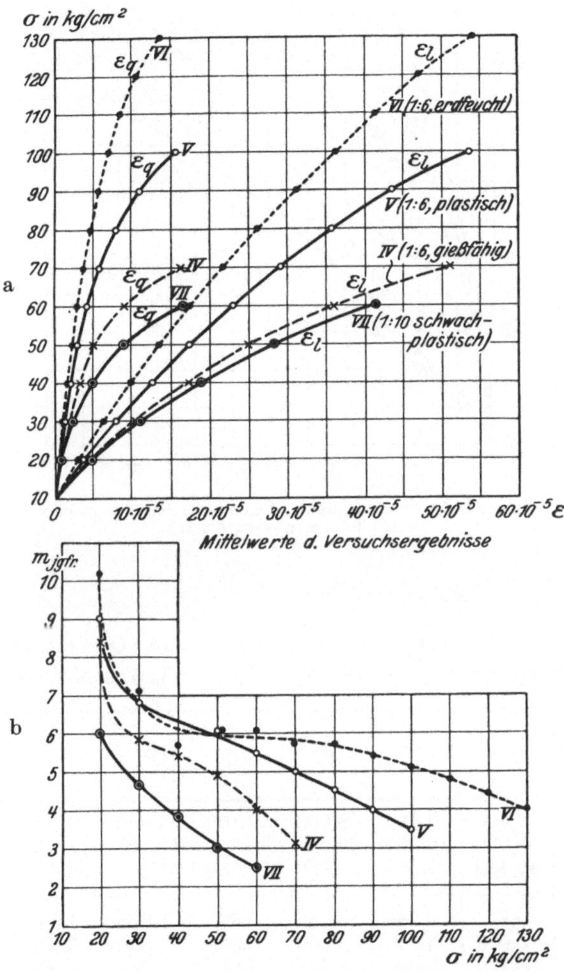

Abb. 7a.   Jungfräuliche Längen- und Queränderungen bei Beton im Alter von 45 Tagen.
Abb. 7b.   Jungfräuliche Querdehnungszahl m_{jgfr} bei Beton im Alter von 45 Tagen.

positiv oder beide negativ bei einem einachsigen Spannungszustand)
sind. Wenn man einen Körper mit einer Spannung σ_a wiederholt be-
lastet und dann bis auf σ_b ($|\sigma_b| > |\sigma_a|$) belastet, liegt der Punkt in der
Spannungs-Dehnungskurve, der zum erstenmal erreicht worden ist,
auf der jungfräulichen Kurve; der Verlauf ist also gerade so, als ob

der Spannungs-Dehnungs-Zyklus unterhalb σ_a gar nicht vorhanden wäre (vgl. Abb. 5a[I] und 5b[I]).

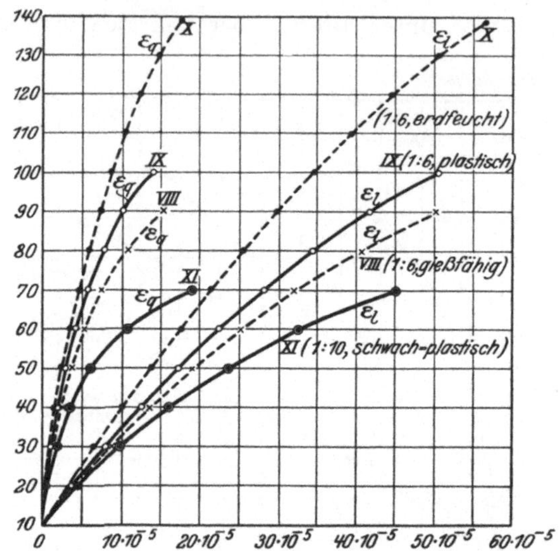

Abb. 8a. Jungfräuliche Längen- und Queränderungen bei Beton im Alter von 90 Tagen (Mittelwerte der Versuchsergebnisse).

Zahlentafel 3.   Jungfräuliche Längen- und Queränderungen bei Versuchskörpern P_1^I, P_2^I, P_3^I, P_4^I, P_5^I, P_6^I (1:6, gießfähig, 7 Tage alt).

Spannungs-stufe kg/cm² von bis	P_1^I	P_2^I	P_3^I	P_4^I	P_5^I	P_6^I	Mittel
ε_l in 10^{-5} 10—20	7,500	7,400	8,000	7,100	7,350	7,500	$7{,}475\cdot10^{-5}$
10—30	19,000	18,100	19,900	17,500	19,100	18,600	$18{,}700\cdot10^{-5}$
10—40	40,400	37,100	39,150	36,100	41,100	38,300	$38{,}692\cdot10^{-5}$
ε_q in 10^{-5} 10—20	0,875	0,935	1,185	0,875	1,060	1,060	$0{,}998\cdot10^{-5}$
10—30	3,000	3,000	3,600	2,665	4,060	3,625	$3{,}345\cdot10^{-5}$
10—40	8,125	8,000	9,435	7,815	9,935	10,000	$8{,}885\cdot10^{-5}$
m_{jotr} 10—20	8,57	7,91	6,75	8,11	6,93	7,07	7,49
10—30	6,33	6,03	5,53	6,57	4,70	5,13	5,59
10—40	4,97	4,64	4,15	4,62	4,14	3,83	4,35
Prismen-druck-festigkeit	56	58	56	59	56	57	57 kg/cm²

Raumgewicht mittel · 2,30 g/cm³

Es fragt sich nun, ob dieser Satz nicht nur für Längenänderung, sondern auch für Querdehnung gilt. Nach den Ergebnissen der vorliegenden

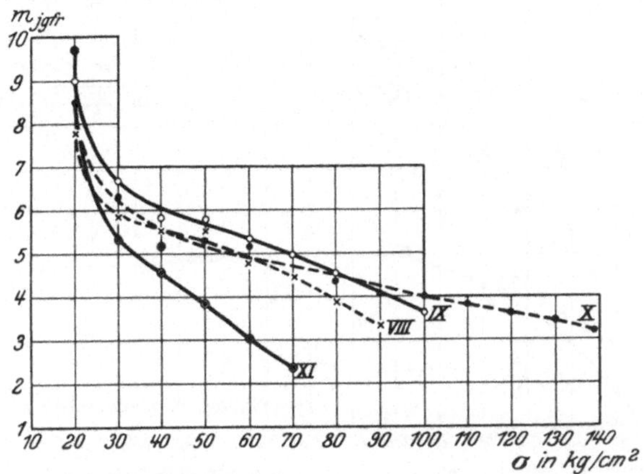

Abb. 8b. Jungfräuliche Querdehnungszahl m_{jgfr} bei Beton im Alter von 90 Tagen.

Zahlentafel 4. Jungfräuliche Längen- und Queränderungen bei Versuchskörpern P_1^{II}, P_2^{II}, P_3^{II}, P_4^{II}, P_5^{II}, P_6^{II} (1:6, plastisch, 7 Tage alt).

Spannungsstufe kg/cm² von bis		P_1^{II}	P_2^{II}	P_3^{II}	P_4^{II}	P_5^{II}	P_6^{II}	Mittel
ε_l in 10^{-5}	10—20	4,600	4,900	4,700	5,050	5,000	4,100	$4,725 \cdot 10^{-5}$
	10—30	10,800	11,050	9,900	10,900	11,100	9,350	$10,517 \cdot 10^{-5}$
	10—40	18,800	19,000	16,300	19,050	18,600	16,300	$18,008 \cdot 10^{-5}$
	10—50	28,500	28,000	23,800	28,100	27,900	24,550	$26,808 \cdot 10^{-5}$
	10—60	40,700	39,100	33,200	41,600	40,200	35,000	$38,300 \cdot 10^{-5}$
	10—70	—	—	46,250	—	—	—	—
ε_q in 10^{-5}	10—20	0,600	0,560	0,500	0,560	0,440	0,375	$0,506 \cdot 10^{-5}$
	10—30	1,750	1,800	1,500	2,060	2,060	1,500	$1,778 \cdot 10^{-5}$
	10—40	3,300	3,600	2,900	3,750	3,750	2,625	$3,321 \cdot 10^{-5}$
	10—50	5,375	6,625	4,810	6,185	6,875	4,875	$5,790 \cdot 10^{-5}$
	10—60	9,060	11,875	7,810	11,000	12,125	8,060	$9,988 \cdot 10^{-5}$
	10—70	—	—	12,250	—	—	—	—
m_{jgfr}	10—20	9,83	8,75	9,40	9,02	11,36	10,93	9,34
	10—30	6,17	6,14	6,60	5,29	5,39	6,23	5,91
	10—40	5,68	5,28	5,63	5,08	4,96	6,21	5,42
	10—50	5,25	4,23	4,95	4,54	4,06	5,04	4,63
	10—60	4,49	3,29	4,25	3,78	3,32	4,34	3,83
	10—70	—	—	3,77	—	—	—	—
Prismendruckfestigkeit		100	99	103	92	100	103	99 kg/cm²

Raumgewicht mittel . . . . 2,36 g/cm³

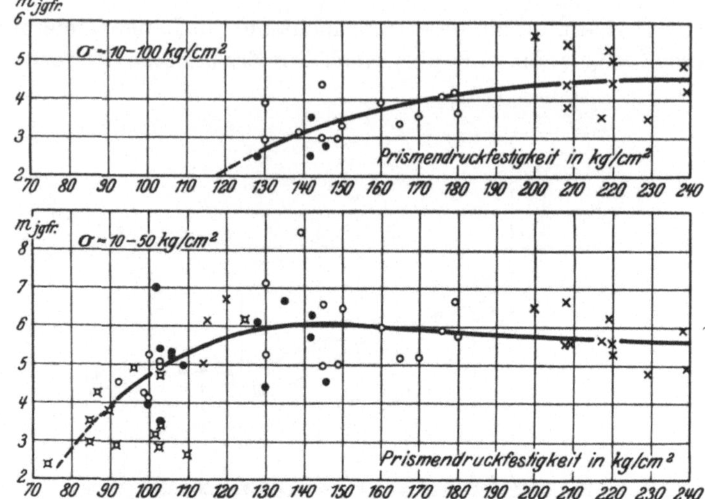

Abb. 9. Beziehungen zwischen $m_{jgfr.}$ und der Prismendruckfestigkeit für die Spannungsstufen $\sigma = 10-50\ kg/cm^2$ und $\sigma = 10-100\ kg/cm^2$.

1:6, gießfähig × 1:6, erdfeucht o 1:6, plastisch, ⌧ 1:6, schwach-plastisch

Zahlentafel 5. Jungfräuliche Längen- und Queränderungen bei Versuchskörpern P_1^{III}, P_2^{III}, P_3^{III} (1:6, erdfeucht, 7 Tage alt).

Spannungs-stufe kg/cm² von bis	P_1^{III}	P_2^{III}	P_3^{III}	Mittel
ε_l in 10^{-5} 10—20	3,950	4,050	4,050	$4,015 \cdot 10^{-5}$
10—30	7,800	8,600	8,650	$8,350 \cdot 10^{-5}$
10—40	12,900	13,150	13,950	$13,335 \cdot 10^{-5}$
10—50	18,450	18,900	20,050	$19,135 \cdot 10^{-5}$
10—60	25,400	24,400	27,700	$25,835 \cdot 10^{-5}$
10—70	34,000	32,400	37,200	$34,535 \cdot 10^{-5}$
10—80	44,900	41,900	49,650	$45,485 \cdot 10^{-5}$
ε_q in 10^{-5} 10—20	0,370	0,315	0,315	$0,335 \cdot 10^{-5}$
10—30	1,000	1,125	1,375	$1,165 \cdot 10^{-5}$
10—40	1,800	2,185	2,500	$2,160 \cdot 10^{-5}$
10—50	2,750	3,065	4,000	$3,271 \cdot 10^{-5}$
10—60	4,125	4,625	7,000	$5,250 \cdot 10^{-5}$
10—70	6,375	6,625	11,250	$8,085 \cdot 10^{-5}$
10—80	10,000	11,375	18,750	$13,375 \cdot 10^{-5}$
m_{jgfr} 10—20	10,70	12,86	12,94	11,98
10—30	7,80	7,64	6,30	7,17
10—40	7,16	6,02	5,58	6,17
10—50	6,71	6,16	5,01	5,85
10—60	6,16	5,27	3,96	4,92
10—70	5,33	4,89	3,31	4,27
10—80	4,49	3,68	2,65	3,50
Prismendruck-festigkeit	120	115	114	116 kg/cm²

Raumgewicht mittel . . . . 2,40 g/cm³

Versuche kann wohl angenommen werden, daß das Gesetz für beide
Fälle richtig ist. Als Beispiel sind die Längen- und Queränderungsvor-
gänge bei dem Versuchskörper P^I graphisch dargestellt (vgl. Abb. 5 a^{II}
und 5 b^{II}). Die mit Pfeilen gezeichneten Linien zeigen aber nicht gerade
hysterische Formänderungsvorgänge, sondern sind vektorische Darstel-
lung der Formänderungen zwischen $\sigma = 10$ kg/cm^2 und den betreffenden
Spannungsstufen. Wie es aus den Abbildungen ersichtlich ist, stimmen die
gesamten Änderungen für die erstmalige Belastung bei jeder Belastungsstufe (ε^0_{ges}) gut mit den reinen, jungfräulichen Kurven der Vergleichskörper überein, welche einer ständig kontinuierlich zunehmenden Belastung unterworfen waren.

Im folgenden sind die jungfräulichen Längen- und Queränderungen
und die jungfräulichen Querdehnungszahlen bei den Versuchsreihen I

Zahlentafel 6.

Jungfräuliche Längen- und Queränderungen bei Versuchskörpern
P^{IV}_1, P^{IV}_2, P^{IV}_3, P^{IV}_4, P^{IV}_5, P^{IV}_6, P^{IV}_7 (1:6, gießfähig, 45 Tage alt).

Spannungsstufe von bis	P^{IV}_1	P^{IV}_2	P^{IV}_3	P^{IV}_4	P^{IV}_5	P^{IV}_6	P^{IV}_7	Mittel
ε_l in 10^{-5}								
10—20	4,500	4,450	4,700	4,900	4,900	5,250	4,400	$4,728 \cdot 10^{-5}$
10—30	10,000	9,700	9,700	10,700	10,600	11,200	11,500	$10,483 \cdot 10^{-5}$
10—40	16,500	15,400	15,800	17,000	17,850	19,050	18,750	$17,193 \cdot 10^{-5}$
10—50	23,500	22,350	22,500	25,850	26,000	28,200	27,250	$25,093 \cdot 10^{-5}$
10—60	31,500	30,950	30,500	37,900	39,950	41,300	40,100	$36,029 \cdot 10^{-5}$
10—70	42,000	41,650	40,300	56,100	60,900	60,500	56,800	$51,179 \cdot 10^{-5}$
10—80	59,500	54,700	54,700	—	—	—	82,300	—
ε_q in 10^{-5}								
10—20	0,685	0,625	0,560	0,560	0,500	0,440	0,560	$0,561 \cdot 10^{-5}$
10—30	1,700	1,600	1,625	2,250	2,185	1,315	1,875	$1,793 \cdot 10^{-5}$
10—40	3,000	2,800	2,750	4,250	3,875	2,500	3,000	$3,168 \cdot 10^{-5}$
10—50	4,500	4,500	4,250	7,250	6,425	4,000	5,000	$5,132 \cdot 10^{-5}$
10—60	7,000	7,000	6,500	11,810	13,000	7,625	9,935	$8,981 \cdot 10^{-5}$
10—70	12,500	10,685	9,500	21,375	26,060	15,250	18,125	$16,213 \cdot 10^{-5}$
10—80	23,125	16,625	15,375	—	—	—	41,875	—
m_{jstr}								
10—20	6,57	7,12	8,39	8,75	9,00	11,93	7,86	8,43
10—30	5,88	6,06	5,97	4,76	4,85	8,51	6,13	5,85
10—40	5,50	5,50	5,74	4,00	4,60	7,62	6,25	5,42
10—50	5,22	4,97	5,29	3,56	4,05	7,05	5,45	4,89
10—60	4,50	4,42	4,70	3,21	3,07	5,41	4,03	4,01
10—70	3,36	3,90	4,24	2,62	2,33	3,96	3,13	3,15
10—80	2,57	3,29	3,56	—	—	—	1,96	—
Prismendruckfestigkeit	106	109	106	103	100	102	103	104 kg/cm^2

Raumgewicht mittel . . . . 2,29 g/cm^3

Zahlentafel 7. Jungfräuliche Längen- und Queränderungen bei Versuchskörpern P_1^V, P_2^V, P_3^V, P_4^V, P_5^V, P_6^V (1:6, plastisch, 45 Tage alt).

Spannungs-stufe kg/cm² von bis	P_1^V	P_2^V	P_3^V	P_4^V	P_5^V	P_6^V	Mittel
ε_l in 10^{-5}							
10— 20	4,000	3,850	4,000	3,500	4,000	3,800	$3,858 \cdot 10^{-5}$
10— 30	8,700	8,100	8,000	7,300	8,400	7,950	$8,075 \cdot 10^{-5}$
10— 40	13,700	12,500	12,400	11,600	13,700	12,800	$12,783 \cdot 10^{-5}$
10— 50	18,700	17,500	17,000	16,200	16,900	17,800	$17,350 \cdot 10^{-5}$
10— 60	24,500	22,050	21,900	21,400	24,700	24,200	$23,125 \cdot 10^{-5}$
10— 70	30,300	28,050	27,300	27,150	31,500	30,200	$29,083 \cdot 10^{-5}$
10— 80	37,500	34,300	32,900	33,000	38,500	38,000	$35,700 \cdot 10^{-5}$
10— 90	45,700	41,600	39,450	39,800	47,850	46,850	$43,541 \cdot 10^{-5}$
10—100	54,600	52,400	45,900	48,350	59,100	61,050	$53,633 \cdot 10^{-5}$
10—110	—	—	53,850	58,200	72,800	74,750	—
10—120	—	—	64,950	70,800	90,150	90,200	—
10—130	—	—	80,750	82,700	110,800	—	—
ε_q in 10^{-5}							
10— 20	0,500	0,500	0,375	0,375	0,435	0,375	$0,426 \cdot 10^{-5}$
10— 30	1,125	1,500	0,935	1,500	0,875	1,190	$1,187 \cdot 10^{-5}$
10— 40	1,875	2,500	1,875	2,310	1,440	2,125	$2,021 \cdot 10^{-5}$
10— 50	2,625	3,500	2,565	3,120	2,000	3,375	$2,864 \cdot 10^{-5}$
10— 60	3,875	4,875	3,685	4,500	3,690	4,810	$4,239 \cdot 10^{-5}$
10— 70	5,750	6,750	4,625	6,000	5,500	6,500	$5,854 \cdot 10^{-5}$
10— 80	7,625	8,875	6,250	7,935	7,750	9,250	$7,947 \cdot 10^{-5}$
10— 90	10,875	12,125	8,500	10,060	11,000	13,125	$10.947 \cdot 10^{-5}$
10—100	14,125	18,000	11,000	13,625	16,875	19,435	$15,510 \cdot 10^{-5}$
10—110	—	—	12,815	18,750	23,950	27,875	—
10—120	—	—	20,125	26,625	30,125	44,100	—
10—130	—	—	31,500	36,200	52,450	—	—
m_{jqtr}							
10— 20	8,00	7,70	10,67	9,33	9,19	10,13	9,05
10— 30	7,73	4,63	8,53	4,86	9,60	6,69	6,80
10— 40	7,30	5,00	6,61	5,02	9,51	6,02	6,32
10— 50	7,12	5,00	6,63	5,19	8,45	5,27	6,06
10— 60	6,32	4,52	5,94	4,75	6,69	5,03	5,45
10— 70	5,26	4,15	5,90	4,52	5,72	4,64	4,98
10— 80	4,92	3,86	5,26	4,16	4,97	4,10	4,49
10— 90	4,20	3,43	4,64	3,95	4,35	3,57	3,97
10—100	3,86	2,91	4,17	3,55	3,14	2,91	3,46
10—110	—	—	4,20	3,10	2,67	—	—
10—120	—	—	3,22	2,66	2,04	—	—
10—130	—	—	2,56	2,28	—	—	—
Prismen-druck-festigkeit	130	149	179	170	139	130	149 kg/cm²

Raumgewicht mittel . . . . 2,34 g/cm³

Zahlentafel 8. Jungfräuliche Längen- und Queränderungen bei Versuchskörpern P_1^{VI}, P_2^{VI}, P_3^{VI}, P_4^{VI}, P_5^{VI} (1:6, erdfeucht, 45 Tage alt).

Spannungs-stufe kg/cm² von bis	P_1^{VI}	P_2^{VI}	P_3^{VI}	P_4^{VI}	P_5^{VI}	Mittel
10— 20	3,100	3,400	3,450	2,900	3,000	$3,170 \cdot 10^{-5}$
10— 30	6,400	7,250	6,950	6,200	6,100	$6,580 \cdot 10^{-5}$
10— 40	9,800	11,100	10,550	9,450	9,500	$10,080 \cdot 10^{-5}$
10— 50	13,280	15,000	14,600	12,900	12,900	$13,736 \cdot 10^{-5}$
10— 60	17,200	19,100	18,950	16,800	16,200	$17,650 \cdot 10^{-5}$
10— 70	20,900	23,700	23,300	20,850	20,400	$21,830 \cdot 10^{-5}$
10— 80	25,000	28,250	27,700	24,800	25,200	$26,190 \cdot 10^{-5}$
10— 90	29,600	33,200	33,600	29,750	30,200	$31,270 \cdot 10^{-5}$
10—100	35,000	38,750	37,700	34,500	35,250	$36,240 \cdot 10^{-5}$
10—110	38,700	44,250	43,500	39,500	40,250	$41,240 \cdot 10^{-5}$
10—120	43,800	50,150	49,200	45,700	46,200	$47,010 \cdot 10^{-5}$
10—130	51,100	57,300	56,900	51,800	53,400	$54,100 \cdot 10^{-5}$
10—138,8	—	65,050	—	57,800	59,000	—
10— 20	0,310	0,375	0,310	0,310	0,250	$0,311 \cdot 10^{-5}$
10— 30	0,935	0,690	1,185	1,000	0,800	$0,922 \cdot 10^{-5}$
10— 40	1,685	1,935	2,125	1,625	1,500	$1,774 \cdot 10^{-5}$
10— 50	2,375	2,310	2,625	2,065	1,940	$2,262 \cdot 10^{-5}$
10— 60	3,000	2,815	3,435	2,815	2,375	$2,888 \cdot 10^{-5}$
10— 70	3,875	3,625	4,810	3,500	3,190	$3,800 \cdot 10^{-5}$
10— 80	4,875	4,810	5,690	4,190	4,250	$4,763 \cdot 10^{-5}$
10— 90	5,565	5,625	7,125	5,625	5,060	$5,800 \cdot 10^{-5}$
10—100	7,000	6,875	8,625	6,500	6,500	$7,100 \cdot 10^{-5}$
10—110	8,000	8,625	10,125	8,125	7,940	$8,563 \cdot 10^{-5}$
10—120	10,000	10,875	12,000	10,065	9,625	$10,513 \cdot 10^{-5}$
10—130	13,000	14,875	15,310	12,625	12,125	$13,587 \cdot 10^{-5}$
10—138,8	—	19,375	—	16,125	14,125	—
10— 20	10,00	9,07	11,13	9,35	12,00	10,19
10— 30	6,84	10,00	5,86	6,20	7,62	7,14
10— 40	5,81	5,73	4,96	5,81	6,33	5,68
10— 50	5,59	6,50	5,56	6,24	6,65	6,07
10— 60	5,73	6,78	5,51	5,97	6,82	6,11
10— 70	5,39	6,54	4,84	5,95	6,40	5,74
10— 80	5,13	5,87	4,86	5,92	5,93	5,71
10— 90	5,32	5,90	4,71	5,29	5,96	5,39
10—100	5,00	5,67	4,37	5,31	5,42	5,10
10—110	4,84	5,13	4,29	4,86	5,07	4,81
10—120	4,38	4,61	4,10	4,54	4,80	4,47
10—130	3,93	3,72	3,72	4,10	4,40	3,98
10—138,8	—	4,20	—	3,58	4,18	—
Prismendruck-festigkeit	220	200	208	219	208	211 kg/cm²

Die drei Zeilengruppen sind am linken Rand bezeichnet mit ε_l in 10^{-5}, ε_q in 10^{-5} und m_{jofr}.

Raumgewicht mittel . . . . 2,39 g/cm³

bis XI zahlenmäßig und graphisch aufgetragen. Über die Abhängigkeiten der jungfräulichen Querdehnungszahlen von verschiedenen Einflüssen soll später bei Behandlung der Einflüsse auf die federnden Querdehnungszahlen gesprochen werden. Es sei hier nur die Abhängigkeit der jungfräulichen Querdehnungszahlen von den Prismendruckfestigkeiten graphisch dargestellt, und zwar für die Spannungsstufen $\sigma = 10$ bis $50\,\mathrm{kg/cm^2}$ und $\sigma = 10$ bis $100\,\mathrm{kg/cm^2}$ (Abb. 9).

Über den Verlauf der jungfräulichen Längen- und Queränderungen in Abhängigkeit von Mischungsverhältnissen, Alter, Wasserzusatz und von der Spannungsgröße geben eine weitere Reihe beigefügter Abbildungen und Zahlentabellen Aufschluß (vgl. Zahlentafeln 3—13 und Abb. 6, 7 und 8).

Zahlentafel 9.

Jungfräuliche Längen- und Queränderungen bei Versuchskörpern P_1^{VII}, P_2^{VII}, P_3^{VII}, P_4^{VII}, P_5^{VII}, P_6^{VII} (1 : 10, schwach-plastisch, 45 Tage alt).

Spannungs-stufe kg/cm² von bis	P_1^{VII}	P_2^{VII}	P_3^{VII}	P_5^{VII}	P_6^{VII}	P_4^{VII}	Mittel
ε_l in 10^{-5}							
10—20	4,450	4,700	5,400	4 700	5,300	4,400	$4,825 \cdot 10^{-5}$
10—30	11,600	10,750	12,100	11,000	12,150	9,250	$11,141 \cdot 10^{-5}$
10—40	19,250	17,600	20,950	18,700	22,250	15,050	$18,966 \cdot 10^{-5}$
10—50	28,950	26,500	32,350	27,150	33,150	21,150	$28,208 \cdot 10^{-5}$
10—60	42,600	38,850	47,700	37,100	53,500	28,650	$41,400 \cdot 10^{-5}$
10—70	—	—	—	55,150	—	37,650	—
ε_q in 10^{-5}							
10—20	0,875	0,850	0,950	0,565	0,810	0,750	$0,800 \cdot 10^{-5}$
10—30	2,500	2,200	2,625	2,250	2,750	2,000	$2,387 \cdot 10^{-5}$
10—40	4,875	4,000	5,810	4,000	7,310	3,875	$4,978 \cdot 10^{-5}$
10—50	8,250	7,000	10,935	6,375	14,000	7,560	$9,020 \cdot 10^{-5}$
10—60	13,810	12,435	20,000	10,000	31,875	11,000	$16,520 \cdot 10^{-5}$
10—70	—	—	—	17,190	—	15,560	—
m_{jgfr}							
10—20	5,08	5,53	5,68	8,32	6,53	5,87	6,03
10—30	4,64	4,89	4,61	4,89	4,39	4,63	4,67
10—40	3,95	4,40	3,60	4,67	3,08	3,88	3,81
10—50	3,51	3,78	2,96	4,26	2,36	2,80	3,00
10—60	3,08	3,12	2,38	3,71	1,68	2,60	2,51
10—70	—	—	—	3,21	—	2,42	—
Prismen-druck-festigkeit	85	90	85	87	74	103	87 kg/cm²

Raumgewicht mittel . . . . 2,32 g/cm³

Zahlentafel 10.

Jungfräuliche Längen- und Queränderungen bei Versuchskörpern P_1^{VIII}, P_2^{VIII}, P_3^{VIII}, P_4^{VIII}, P_5^{VIII}, P_6^{VIII}. (1 : 6, gießfähig, 90 Tage alt).

	Spannungs-stufe von bis	P_1^{VIII}	P_2^{VIII}	P_3^{VIII}	P_4^{VIII}	P_5^{VIII}	P_6^{VIII}	Mittel
ε_l in 10^{-5}	10— 20	3,950	4,000	4,250	4,050	4,350	3,900	$4,083 \cdot 10^{-5}$
	10— 30	8,050	8,300	9,250	8,200	9,700	8,500	$8,666 \cdot 10^{-5}$
	10— 40	12,250	12,900	14,750	13,150	15,250	13,500	$13,633 \cdot 10^{-5}$
	10— 50	16,400	17,900	21,000	18,850	20,850	19,100	$19,016 \cdot 10^{-5}$
	10— 60	21,650	23,650	27,150	25,050	27,900	25,050	$25,075 \cdot 10^{-5}$
	10— 70	27,200	29,900	34,400	32,050	36,200	32,250	$32,000 \cdot 10^{-5}$
	10— 80	34,400	37,150	44,450	41,100	46,000	41,350	$40,741 \cdot 10^{-5}$
	10— 90	42,150	44,000	54,400	51,000	57,200	52,000	$50,125 \cdot 10^{-5}$
	10—100	51,200	52,150	—	65,450	—	63,850	—
	10—110	60,600	—	—	—	—	—	—
ε_q in 10^{-5}	10— 20	0,500	0,685	0,560	0,435	0,500	0,435	$0,519 \cdot 10^{-5}$
	10— 30	1,500	1,750	1,685	1,310	1,435	1,250	$1,488 \cdot 10^{-5}$
	10— 40	2,375	2,810	2,690	2,375	2,315	2,250	$2,469 \cdot 10^{-5}$
	10— 50	2,875	3,935	4,685	3,000	3,125	3,125	$3,457 \cdot 10^{-5}$
	10— 60	4,500	5,935	6,375	4,685	4,810	4,935	$5,206 \cdot 10^{-5}$
	10— 70	6,000	8,100	9,125	6,185	6,500	7,250	$7,193 \cdot 10^{-5}$
	10— 80	9,500	11,250	14,000	8,750	9,060	10,750	$10,551 \cdot 10^{-5}$
	10— 90	13,125	14,000	21,250	11,935	13,560	16,500	$15,061 \cdot 10^{-5}$
	10—100	18,310	18,685	—	18,500	—	25,310	—
	10—110	23,750	—	—	—	—	—	—
m_{igsr}	10— 20	7,90	6,40	7,55	9,31	8,70	8,96	7,87
	10— 30	5,37	4,74	5,48	6,26	6,76	6,80	5,82
	10— 40	5,16	4,59	5,48	5,53	6,58	6,00	5,52
	10— 50	5,70	4,54	4,42	6,28	6,67	6,11	5,50
	10— 60	4,81	3,98	4,26	5,34	5,80	5,07	4,81
	10— 70	4,53	3,68	3,77	5,18	5,57	4,44	4,45
	10— 80	3,62	3,30	3,17	4,69	5,08	3,84	3,86
	10— 90	2,79	3,14	2,56	4,27	4,22	3,15	3,33
	10—100	2,55	2,78	—	3,54	—	2,52	—
	10—110	2,79	—	—	—	—	—	—
Prismen-druck-festigkeit		142	146	130	142	135	128	137 kg/cm²

Raumgewicht ₘₗₜₜₑₗ . . . . 2,28 g/cm³

Zahlentafel 11.

Jungfräuliche Längen- und Queränderungen bei Versuchskörpern
P_1^{IX}, P_2^{IX}, P_3^{IX}, P_4^{IX}, P_5^{IX}, P_6^{IX}, P_7^{IX} (1:6, plastisch, 90 Tage alt).

Spannungs-stufe von bis	P_1^{IX}	P_2^{IX}	P_3^{IX}	P_4^{IX}	P_5^{IX}	P_7^{IX}	P_6^{IX}	Mittel
10— 20	4,050	3,650	3,750	4,000	3,850	3,700	3,850	$3,836 \cdot 10^{-5}$
10— 30	8,450	7,900	8,000	8,100	7,750	7,500	7,900	$7,943 \cdot 10^{-5}$
10— 40	13,250	12,400	12,350	12,850	12,100	11,900	12,200	$12,436 \cdot 10^{-5}$
10— 50	18,000	17,150	17,250	17,400	16,400	16,450	16,450	$17,014 \cdot 10^{-5}$
10— 60	23,800	22,650	22,600	22,750	21,550	21,200	21,850	$22,343 \cdot 10^{-5}$
10— 70	29,750	28,350	28,900	28,150	26,750	27,350	27,100	$28,050 \cdot 10^{-5}$
10— 80	36,800	34,900	34,900	34,300	32,200	32,800	33,800	$34,228 \cdot 10^{-5}$
10— 90	45,300	42,250	42,200	40,900	38,900	41,100	40,750	$41,628 \cdot 10^{-5}$
10—100	56,000	52,700	51,150	49,550	46,000	49,600	47,300	$50,330 \cdot 10^{-5}$
10—110	68,300	—	—	56,500	54,100	60,050	58,100	—
10—120	—	—	—	69,000	63,750	73,000	—	—
10— 20	0,435	0,375	0,500	0,435	0,375	0,375	0,500	$0,428 \cdot 10^{-5}$
10— 30	1,185	1,060	1,500	1,375	1,250	1,125	1,500	$1,285 \cdot 10^{-5}$
10— 40	2,000	1,935	2,500	2,250	2,100	1,935	2,250	$2,138 \cdot 10^{-5}$
10— 50	2,750	2,650	3,500	3,000	2,875	2,750	3,000	$2,932 \cdot 10^{-5}$
10— 60	3,935	3,625	5,125	4,435	3,935	3,750	4,560	$4,195 \cdot 10^{-5}$
10— 70	5,185	5,060	7,060	5,375	5,750	5,000	5,935	$5,623 \cdot 10^{-5}$
10— 80	7,000	7,125	9,185	7,185	7,250	6,560	8,250	$7,508 \cdot 10^{-5}$
10— 90	9,185	9,875	12,435	9,060	9,625	9,185	11,310	$10,096 \cdot 10^{-5}$
10—100	12,875	16,000	17,560	12,190	11,625	12,750	14,185	$13,883 \cdot 10^{-5}$
10—110	18,000	—	—	15,200	14,875	18,435	20,560	—
10—120	—	—	—	—	20,375	27,375	—	—
10— 20	9,31	9,74	7,50	9,14	10,26	9,87	7,70	8,96
10— 30	7,13	7,45	6,95	5,89	6,32	6,66	5,26	6,68
10— 40	6,62	6,41	4,94	5,71	5,72	6,22	5,42	5,82
10— 50	6,54	6,44	4,93	5,84	5,70	5,98	5,14	5,80
10— 60	6,05	6,25	4,41	5,12	5,47	5,66	4,80	5,32
10— 70	5,74	5,60	4,09	5,24	4,66	5,47	4,57	5,00
10— 80	5,26	4,90	3,80	4,77	4,44	5,00	4,09	4,55
10— 90	4,93	4,28	3,39	4,51	3,96	4,47	3,60	4,12
10—100	4,35	3,29	2,96	4,06	3,64	3,89	3,33	3,62
10—110	3,80	—	—	3,72	3,13	3,26	—	—
10—120	—	—	—	—	2,72	2,68	—	—
Prismen-druck-festigkeit	150	153	150	176	167	160	165	160 kg/cm²

Raumgewicht mittel . . . . 2,32 g/cm³

Zahlentafel 12. Jungfräuliche Längen- und Queränderungen bei Versuchskörpern P_1^X, P_2^X, P_3^X, P_4^X, P_5^X, P_6^X (1:6, erdfeucht, 90 Tage alt).

Spannnngs- stufe von bis	P_1^X	P_2^X	P_3^X	P_4^X	P_5^X	P_6^X	Mittel
ε_l in 10^{-5}							
10— 20	3,550	3,050	3,150	2,800	3,300	3,350	$3,200 \cdot 10^{-5}$
10— 30	7,000	6,400	6,450	5,900	6,200	7,100	$6,508 \cdot 10^{-5}$
10— 40	10,900	9,900	9,650	9,050	9,650	11,050	$10,033 \cdot 10^{-5}$
10— 50	14,750	13,450	13,150	12,600	12,950	15,200	$13,683 \cdot 10^{-5}$
10— 60	19,050	17,350	16,800	15,700	16,600	19,500	$17,500 \cdot 10^{-5}$
10— 70	23,100	21,100	19,800	19,400	20,200	23,400	$21,166 \cdot 10^{-5}$
10— 80	27,400	25,250	23,300	23,200	24,100	28,750	$25,333 \cdot 10^{-5}$
10— 90	32,650	29,850	27,400	27,100	28,000	33,500	$29,750 \cdot 10^{-5}$
10—100	37,700	34,150	31,950	31,450	32,600	39,050	$34,483 \cdot 10^{-5}$
10—110	43,250	38,650	36,550	35,750	37,400	44,050	$39,275 \cdot 10^{-5}$
10—120	49,100	43,900	42,000	40,600	42,800	48,900	$44,550 \cdot 10^{-5}$
10—130	55,800	48,300	48,000	45,800	48,500	55,200	$50,266 \cdot 10^{-5}$
10—138,8	63,750	53,950	53,750	50,800	55,150	60,750	$56,358 \cdot 10^{-5}$
ε_q in 10^{-5}							
10— 20	0,435	0,375	0,315	0,375	0,375	0,375	$0,375 \cdot 10^{-5}$
10— 30	1,185	1,060	0,810	0,935	1,185	1,000	$1,029 \cdot 10^{-5}$
10— 40	2,060	2,000	1,685	1,810	2,125	2,000	$1,946 \cdot 10^{-5}$
10— 50	2,625	2,560	2,375	2,560	2,690	2,560	$2,562 \cdot 10^{-5}$
10— 60	4,185	3,185	2,935	3,250	3,500	3,125	$3,363 \cdot 10^{-5}$
10— 70	5,435	4,250	4,625	4,250	4,940	4,625	$4,687 \cdot 10^{-5}$
10— 80	6,625	5,185	6,125	5,125	7,000	5,060	$5,853 \cdot 10^{-5}$
10— 90	8,875	6,500	7,375	6,185	7,750	6,500	$7,197 \cdot 10^{-5}$
10—100	10,750	7,685	8,435	7,435	9,310	8,000	$8,602 \cdot 10^{-5}$
10—110	13,430	8,935	10,000	8,750	11,000	9,500	$10,269 \cdot 10^{-5}$
10—120	16,425	11,250	11,875	10,250	12,500	10,750	$12,179 \cdot 10^{-5}$
10—130	20,625	12,500	13,750	12,125	14,310	14,000	$14,551 \cdot 10^{-5}$
10—138,8	26,925	14,250	16,810	13,375	16,750	16,625	$17,456 \cdot 10^{-5}$
m_{ssor}							
10— 20	8,11	8,13	10,00	7,46	8,80	8,93	8,53
10— 30	5,89	6,02	7,96	6,31	5,23	7,10	6,32
10— 40	5,28	4,95	5,73	5,00	4,54	5,52	5,15
10— 50	5,62	5,25	5,53	4,92	4,81	5,93	5,34
10— 60	4,55	5,44	5,72	4,83	4,74	6,24	5,20
10— 70	4,25	4,96	4,28	4,56	4,09	5,06	4,51
10— 80	4,13	4,87	3,80	4,52	3,44	5,68	4,33
10— 90	3,68	4,59	3,71	4,38	3,61	5,15	4,13
10—100	5,51	4,44	3,78	4,23	3,50	4,88	4,01
10—110	3,22	4,32	3,65	4,08	3,40	4,63	3,82
10—120	2,99	3,90	3,54	3,96	3,42	4,55	3,65
10—130	2,70	3.86	3,49	3,78	3,38	3,94	3,45
10—138,8	2,37	3,78	3,20	3,79	3,29	3,65	3,22
Prismendruck- festigkeit	217	220	208	239	229	238	225 kg/cm²

Raumgewicht mittel . . . . 2,38 g/cm³

Zahlentafel 13.

Jungfräuliche Längen- und Queränderungen bei Versuchskörpern
P_1^{XI}, P_2^{XI}, P_3^{XI}, P_4^{XI}, P_5^{XI}, P_6^{XI}, P_7^{XI} (1:10, schwach-plastisch, 90 Tage alt).

Spannungs-stufe von bis	P_1^{XI}	P_2^{XI}	P_3^{XI}	P_4^{XI}	P_5^{XI}	P_6^{XI}	P_7^{XI}	Mittel
10—20	4,400	4,450	4,900	3,950	4,000	4,550	4,650	$4{,}415 \cdot 10^{-5}$
10—30	9,350	9,400	10,100	8,850	9,000	10,500	10,200	$9{,}629 \cdot 10^{-5}$
10—40	15,300	15,150	16,200	14,250	15,200	17,600	17,800	$15{,}928 \cdot 10^{-5}$
10—50	22,650	22,000	32,100	21,100	22,700	26,100	26,700	$23{,}476 \cdot 10^{-5}$
10—60	31,000	30,000	30,750	29,400	31,950	36,700	38,300	$32{,}586 \cdot 10^{-5}$
10—70	42,700	41,350	40,000	39,450	44,200	51,900	56,500	$45{,}157 \cdot 10^{-5}$
10—80	—	—	48,350	55,400	—	—	—	—.
10—20	0,560	0,435	0,440	0,375	0,375	0,435	0,560	$0{,}455 \cdot 10^{-5}$
10—30	2,185	1,625	1,685	1,500	1,375	2,185	2,060	$1{,}802 \cdot 10^{-5}$
10—40	3,935	2,685	2,565	3,435	2,565	4,625	4,500	$3{,}473 \cdot 10^{-5}$
10—50	6,685	4,500	3,750	5,810	4,815	8,185	9,250	$6{,}142 \cdot 10^{-5}$
10—60	10,435	7,875	5,750	10,685	8,815	14,625	16,500	$10{,}669 \cdot 10^{-5}$
10—70	17,000	13,750	8,435	17,190	16,315	29,685	30,250	$18{,}946 \cdot 10^{-5}$
10—80	—	—	10,875	30,250	—	—	—	—
10—20	7,86	10,23	11,20	10,53	10,67	10,46	8,30	9,70
10—30	4,28	5,78	6,00	5,90	6,54	4,71	4,95	5,34
10—40	3,89	5,64	6,32	4,15	5,82	3,81	3,95	4,59
10—50	3,39	4,89	6,16	2,63	4,71	3,19	2,89	3,82
10—60	2,97	3,81	5,35	2,76	3,62	2,51	2,32	3,05
10—70	2,44	3,01	4,75	2,30	2,71	1,75	1,87	2,38
10—80	—	—	4,44	1,83	—	—	—	—
Prismen-druck-festigkeit	103	96	125	110	103	102	92	104 kg/cm²

Raumgewicht mittel . . . . 2,32 g/cm³

6. Einfluß der mehrmaligen Lastwiederholung mit geringer Belastungsgeschwindigkeit auf die gesamten Längen- und Queränderungen.

Wenn man einen Betonkörper mehrmals ruhender Belastung unterwirft, und zwar mit so geringer Belastungsgeschwindigkeit, daß dabei das Vorhandensein der elastischen Nachwirkung praktisch als nicht vorhanden angesehen werden kann, so nehmen sowohl die gesamten Längenänderungen als auch die gesamten Querdehnungen mit der Lastwiederholung zu.

In welchem Maße diese Änderungen vor sich gehen, hängt vor allem von der elastischen Eigenschaft des Betonmaterials ab. Für den Vergleich dieser Formänderungserscheinung werden im folgenden jeweils die jungfräulichen Längen- und Queränderungen als Bezugsgröße genommen und die Größe $\dfrac{\varepsilon_{ges} - \varepsilon_{jgfr}}{\varepsilon_{jgfr}}$ als Vergleichsmaß gewählt werden.

Das Verhältnis wurde jeweils bei einem und demselben Versuchskörper ausgerechnet. Die Lastwiederholung erfolgte 1 mal etwa in 2 Minuten und im allgemeinen 5mal nacheinander. Obwohl die Verhältnisse bei einzelnen Versuchskörpern auch von einer und derselben Versuchsreihe sich ziemlich abweichend ergaben, zeigen die aufgetragenen Linien

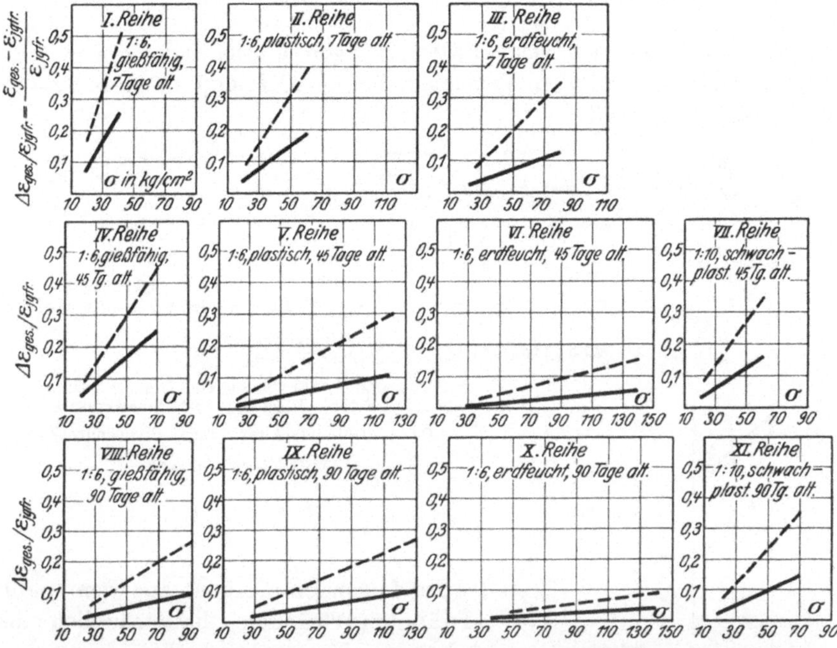

Abb. 10. Die Abweichung der gesamten Längenänderungen von der jungfräulichen Längenänderung und Querdehnung bei mehrmaligen Lastwiederholungen —— Längenänderung, --- Querdehnung.

(Abb. 10), bei denen die jeweiligen Mittelwerte zugrunde gelegt sind, annäherungsweise die Tendenz, mit welcher die gesamten Längen- und Queränderungen der verschiedenen Betonarten mit mehrmaligen Lastwiederholungen vor sich gehen.

Zu bemerken ist:

1. Die gesamte Querdehnung wird von der Lastwiederholung mehr beeinflußt als die gesamte Längenänderung unter der Voraussetzung, daß keine nennenswerte elastische Nachwirkung vorhanden ist. Das Tempo des Wachsens der Formänderungen ist bei der Querdehnung etwa doppelt so groß wie bei der Längenänderung.

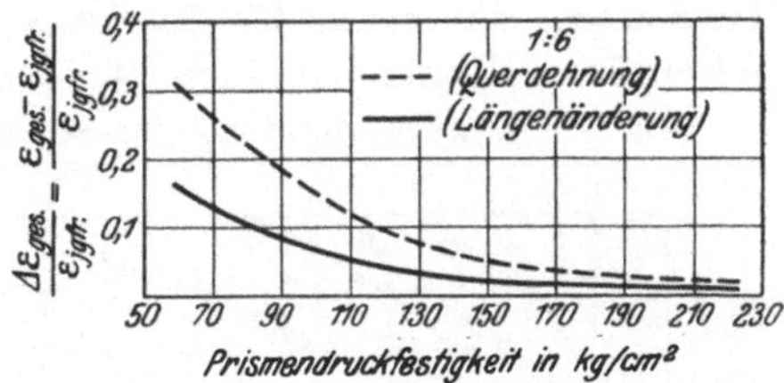

Abb. 11. Einfluß der mehrmaligen Lastwiederholung auf die gesamten Längen- und Queränderungen, für die Spannungsstufe $\sigma = 10-30\,\mathrm{kg/cm^2}$, bei Beton 1:6.

2. Je kleiner die Prismendruckfestigkeit ist, desto mehr wird der Körper von der Lastwiederholung beeinflußt, so weit es sich um mehrmalige Lastwiederholung mit geringer Belastungsgeschwindigkeit handelt (vgl. Abb. 11).

7. Federnde Längen- und Queränderungen und die federnde Querdehnungszahl m_{fed}.

Die Ergebnisse der Elastizitätsmessungen hinsichtlich Längen- und Queränderungen bei den Versuchsreihen I—XI sind in Abb. 12—22 graphisch dargestellt.

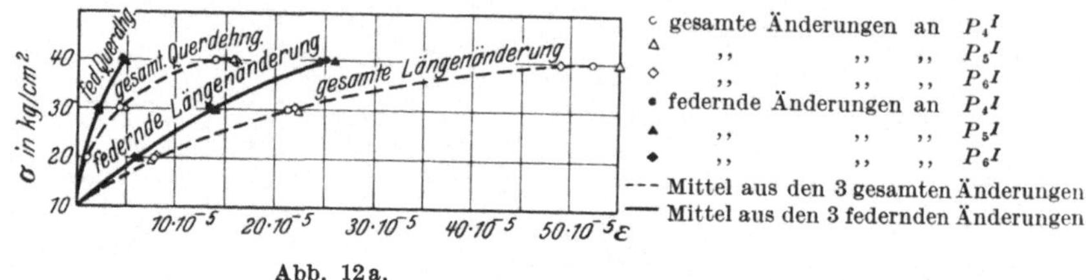

Abb. 12a.

Abb. 12a und b. Ergebnisse von Druckelastizitätsmessungen an Beton, Mischung 1:6, Wasserzusatz 10%, $\frac{w}{z} = 0,68$, gießfähig, Alter 7 Tage, Prismendruckfestigkeitmittel = 57 kg/cm².

Abb. 12b.

Im folgenden werden, aus den schon erwähnten Gründen, hauptsächlich die federnden Längen- und Queränderungen und die daraus abgeleiteten federnden Querdehnungszahlen m_{fed} in Betracht gezogen werden. Die charakteristischen Tendenzen des Verlaufs von m_{fed} bezüglich verschiedener Faktoren gelten im allgemeinen auch für m_{jafr} und m_{ges}.

Vor allem kann hervorgehoben werden, daß die Querdehnung mit

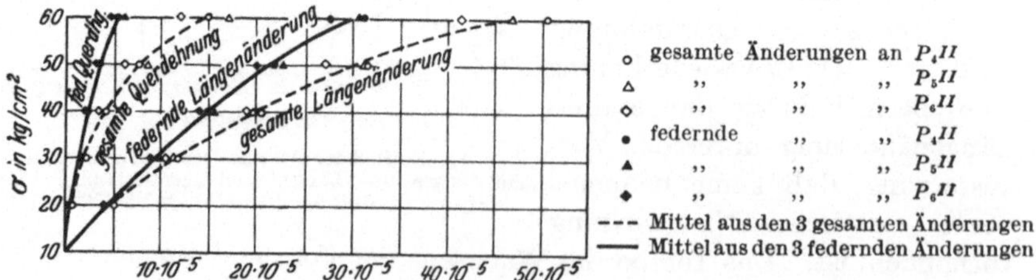

Abb. 13a und b. Ergebnisse von Druckelastizitätsmessungen an Beton 1:6, Wasserzusatz 8,5%, $\frac{w}{z} = 0,60$, plastisch, Alter 7 Tage; Prismendruckfestigkeit = 98 kg/cm² im Mittel.

zunehmenden Spannungen (Normalspannungen) rascher zunimmt als die entsprechende Längenänderung. Infolgedessen kann die Querdehnungszahl auch bei einem und demselben Beton nicht konstant bleiben; sie ist abhängig von der Spannungsgröße. Außerdem haben verschiedene Betonarten verschiedene Größen der Querdehnungszahlen, und zwar mit verschiedenen Tendenzen.

Im folgenden sollen verschiedene Bemerkungen über eine Reihe uns besonders wichtig erscheinender Einflüsse auf die Querdehnungszahl vorangestellt werden.

8. Beziehung zwischen m_{ges}, m_{jgfr} und m_{fed}.

Wie man aus Abb. 12—22 ersieht, bestehen nach den Versuchsergebnissen folgende Beziehungen:

$$\frac{\varepsilon^l_{ges}}{\varepsilon^l_{fed}} < \frac{\varepsilon^q_{ges}}{\varepsilon^q_{fed}} \quad \text{oder} \quad \frac{\varepsilon^l_{ges}}{\varepsilon_{ges}} < \frac{\varepsilon^l_{fed}}{\varepsilon^q_{fed}},$$

hierbei ist

$$\varepsilon^l_{ges} = \text{gesamte Längenänderung},$$
$$\varepsilon^l_{fed} = \text{federnde Längenänderung},$$
$$\varepsilon^q_{ges} = \text{gesamte Querdehnung},$$
$$\varepsilon^q_{fed} = \text{federnde Querdehnung}.$$

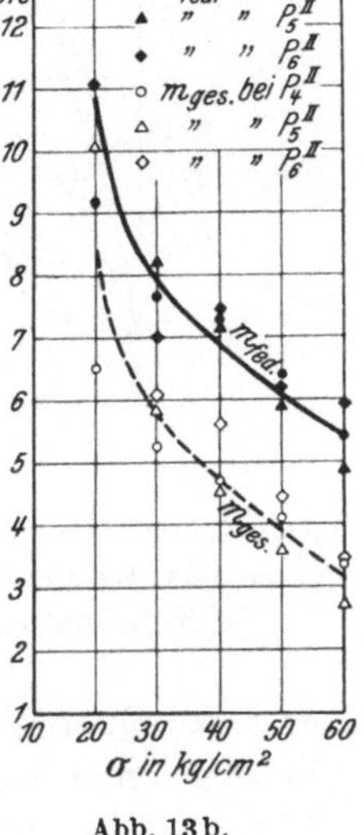

Abb. 13 b.

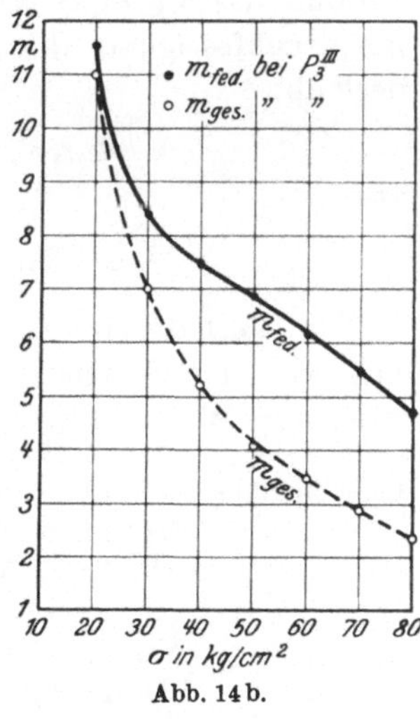

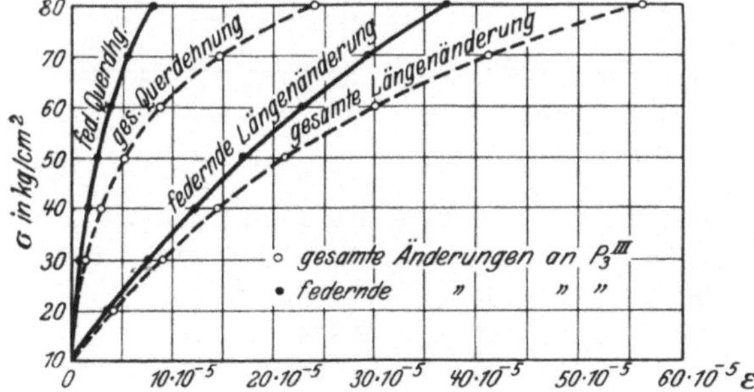

Abb. 14a.   Abb. 14 b.

Abb. 14 a und b. Ergebnisse von Druckelastizitätsmessungen an Beton, Mischung 1 : 6, Wasserzusatz 6,5 %, $\frac{w}{z} = 0,45$, erdfeucht, Alter 7 Tage; Prismendruckfestigkeit = 114 kg/cm².

Da $\dfrac{\varepsilon^l_{ges}}{\varepsilon^q_{ges}} = m_{ges}$ und $\dfrac{\varepsilon^l_{fed}}{\varepsilon^q_{fed}} = m_{fed}$, so folgt unmittelbar die Beziehung $m_{ges} < m_{fed}$.

Da m_{jafr} nur ein Grenzfall von m_{ges} ist, so folgt auch: $m_{jafr} < m_{fed}$. Es wurde bereits im vorhergehenden Abschnitt festgestellt, daß die

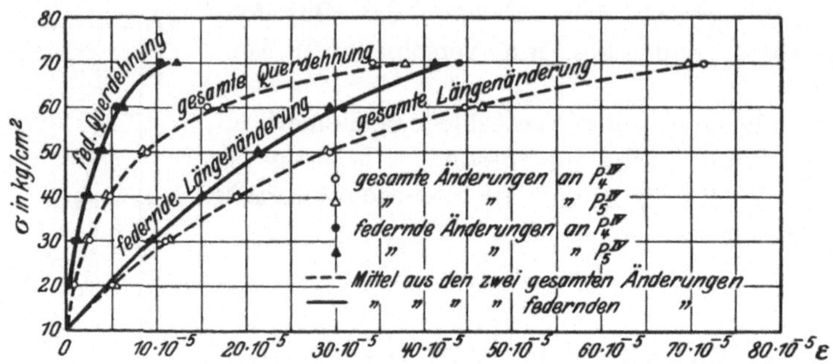

Abb. 15a.

Abb. 15a und b. Ergebnisse von Druckelastizitätsmessungen an Beton 1 : 6, Wasserzusatz 10%, $\dfrac{w}{z} = 0{,}68$, gießfähig, Alter 45 Tage; Prismendruckfestigkeitmittel $= 102$ kg/cm².

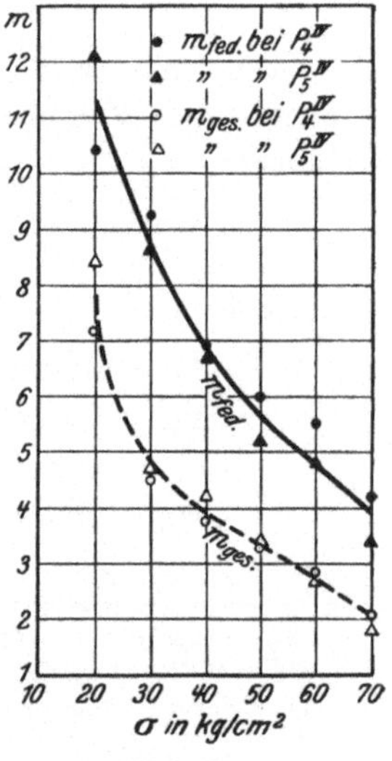

Abb. 15b.

gesamte Querdehnung mit Lastwiederholungen in rascherem Tempo zunimmt als die gesamte Längenänderung, und zwar so, daß dieser Einfluß desto größer ist, je kleiner die Prismendruckfestigkeit des Betons ist. Es folgt deshalb:

$$m_{ges} < m_{jafr},$$

also

$$m_{ges} < m_{jafr} < m_{fed}.$$

Die Verhältnisse $m_{ges} : m_{jafr} : m_{fed}$ ergeben sich aus den Versuchen für die Spannungsstufe $\sigma = 10$ bis 50 kg/cm² wie folgend:

Versuchsreihe   II, 1 : 6, plastisch . . . . . 7 Tage,   0,894 : 1 : 1,364
     „   III, 1 : 6, erdfeucht 7   „   0,818 : 1 : 1,377
     „   IV, 1 : 6, gießfähig 45   „   0,883 : 1 : 1,484
     „   V, 1 : 6, plastisch 45   „   0,974 : 1 : 1,340
     „   VI, 1 : 6, erdfeucht 45   „   0,961 : 1 : 1,186
     „   VII, 1 : 10, schwach-plastisch . 45   „   0,893 : 1 : 1,740
     „   VIII, 1 : 6, gießfähig 90   „   0,929 : 1 : 1,130
     „   IX, 1 : 6, plastisch 90   „   0,969 : 1 : 1,231
     „   X, 1 : 6, erdfeucht 90   „   0,916 : 1 : 1,520
     „   XI, 1 : 10, schwach-plastisch . 90   „   0,852 : 1 : 1,559

Mittelwerte 0,909 : 1 : 1,393

9. Abhängigkeit der Querdehnungszahl von der Spannungsgröße.

Wie man aus den obigen Abb. 6, 7, 8 und 12—22 und Zahlentafeln 3 bis 13 ersieht, ist die Größe der Querdehnungszahl (m_{jgfr}, m_{ges}, m_{fed})

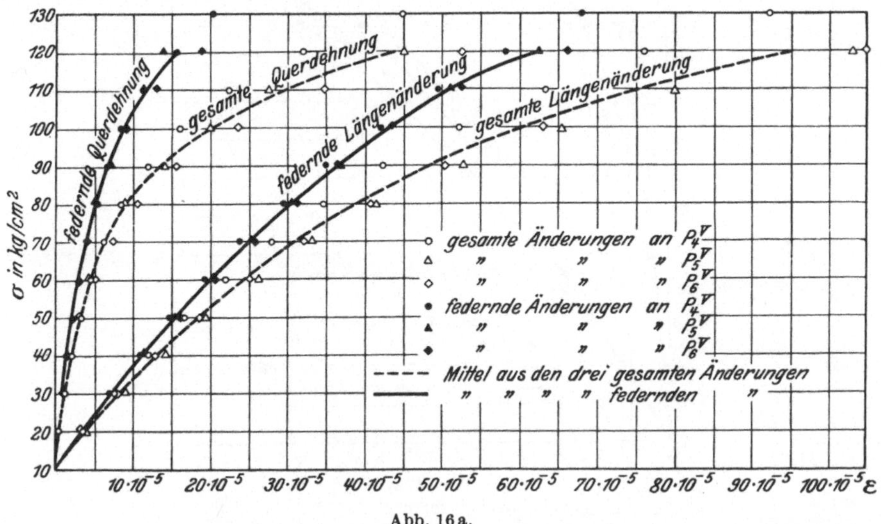

Abb. 16a.

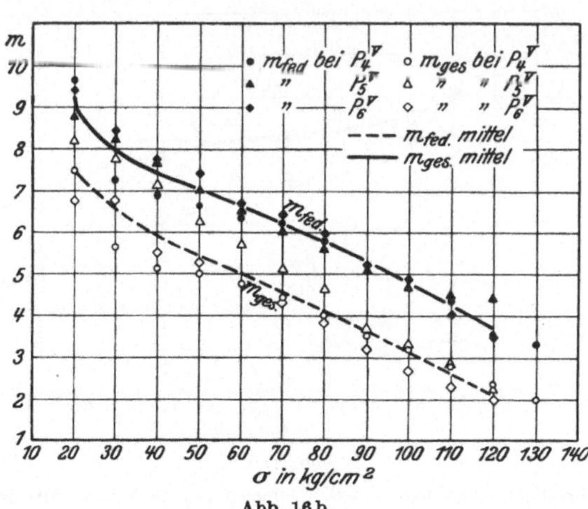

Abb. 16b.

Abb. 16a und b. Ergebnisse von Druckelastizitätsmessungen an Beton, Mischung 1 : 6, Wasserzusatz 8,5%, $\frac{w}{z} = 0{,}60$, plastisch, Alter 45 Tage, Prismendruckfestigkeitmittel $= 147$ kg/cm².

von der Größe der Spannung abhängig. Diese Abhängigkeit ist bisher ein Streitpunkt der früheren Versuche gewesen, deren Ergebnisse, wie bereits in der Einleitung erwähnt wurde, oft im direkten Widerspruch stehen.

Nach den vorliegenden Ergebnissen kann behauptet werden, daß die

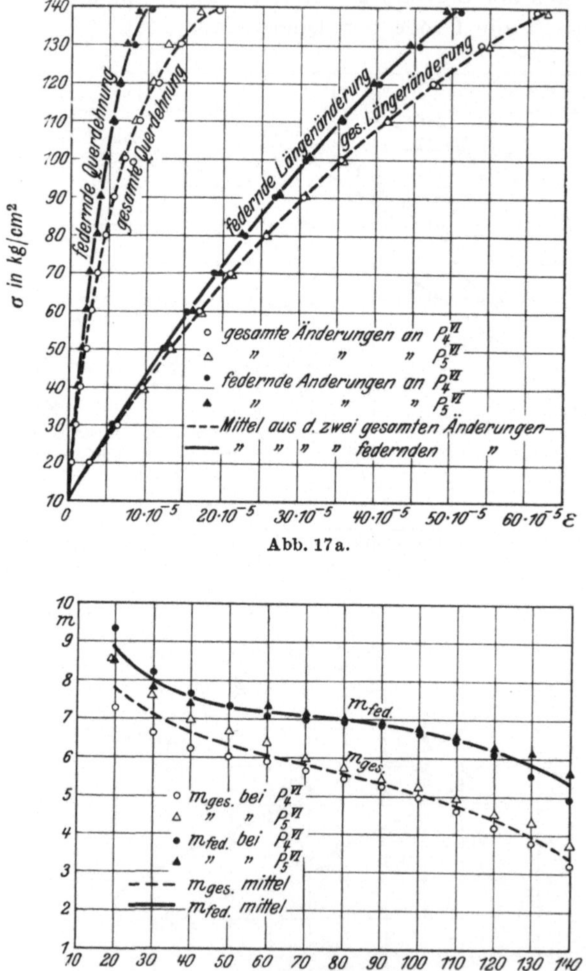

Abb. 17a und b. Ergebnisse von Druckelastizitätsmessungen an Beton, Mischung 1 : 6, Wasserzusatz 6,5%, $\frac{w}{z} = 0,45$, erdfeucht, Alter 45 Tage; Prismendruckfestigkeitmittel = 213 kg/cm².

Querdehnungszahl von Beton bei einachsigem normalem Druck im allgemeinen mit der zunehmenden Spannung abnimmt. Die Abhängigkeit der federnden Querdehnungszahl m_{fed} von der Spannungsgröße bei den Versuchsreihen I—XI ist in Abb. 23 zusammengestellt. Es sei bemerkt, daß bei den vorliegenden Versuchen stets die Vorspannung $\sigma = 10$ kg/cm² zugrunde gelegt wurde.

Die Charakteristik der Querdehnungszahl-Spannungskurve ist so, daß sie zwei Wendepunkte besitzt, und zwar so, daß die m-σ-Kurve

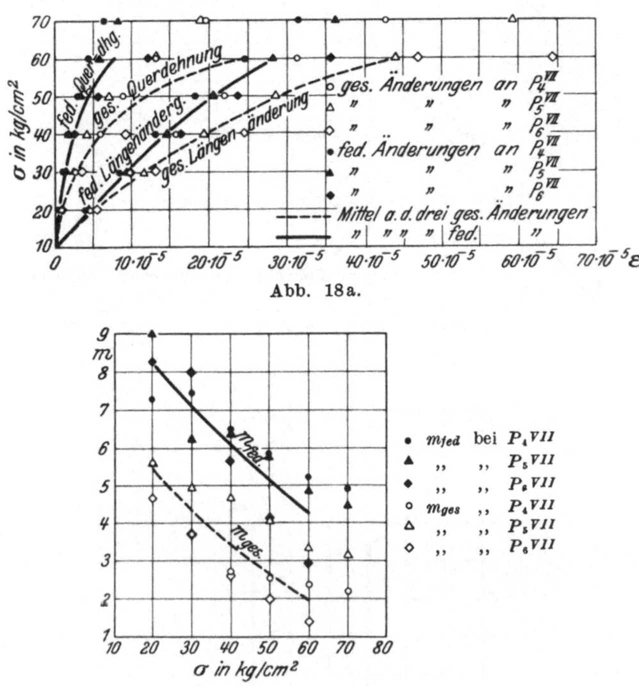

Abb. 18 a.

Abb. 18 b.

Abb. 18a und b. Ergebnisse von Druckelastizitätsmessungen an Beton, Mischung 1 : 10, Wasserzusatz 6,8%, $\frac{w}{z} = 0,75$, schwach plastisch, Alter 45 Tage; Prismendruckfestigkeitmittel = 88 kg/cm².

bei dem 1. Stadium nach oben konkav verläuft, bei dem 2. Stadium beinahe gerade und schräg und bei dem 3. Stadium nach oben konvex.

NB. Es sei hingewiesen, daß Talbot, Rudeloff, Withey und Kleinlogel mit Druckversuchen zum ähnlichen Schluß gekommen sind.

Kleine Abweichungen von diesem charakteristischen Verlauf werden natürlich, je nach den einzelnen Betonarten und deren elastischen Eigenschaften, vorhanden sein. So z. B. verläuft die m_{fed}-σ-Kurve von der Versuchsreihe I (1 : 6, gießfähig, 7 Tage) ohne 1. und 2. Stadien und fängt gleich mit dem 3. Stadium an; bei der Versuchsreihe XI (1 : 10, schwach-plastisch, 90 Tage) verläuft die m_{fed}-σ-Kurve ohne bemerkbares 1. Stadium.

Im 1. Stadium (unterhalb $\sigma = 50$ kg/cm²) schwanken die Ergebnisse von einzelnen Versuchskörpern, auch von einer und derselben Betonart, am heftigsten. Obwohl die Querdehnung gegen die Längenänderung

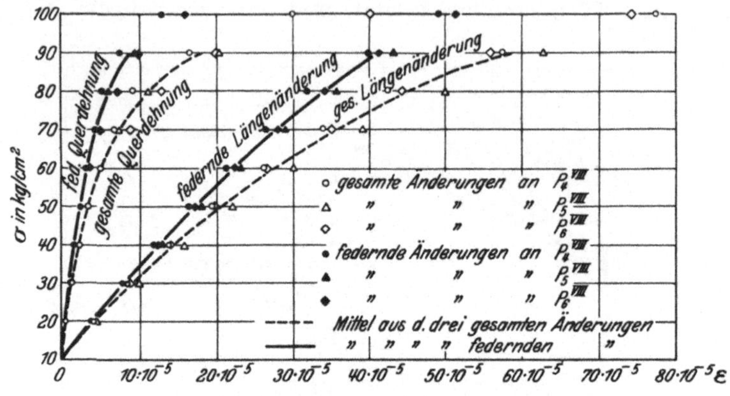

Abb. 19a.

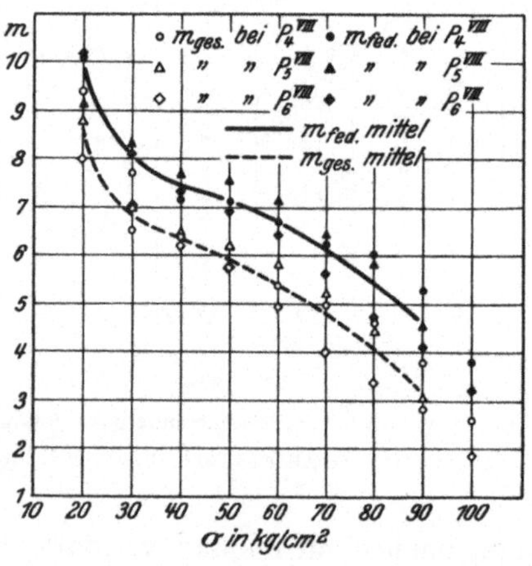

Abb. 19b.

Abb. 19a und b. Ergebnisse von Druckelastizitätsmessungen an Beton, Mischung 1:6, Wasserzusatz 10%, $\frac{w}{z} = 0,68$, gießfähig, Alter 90 Tage; Prismendruckfestigkeitmittel = 135 kg/cm².

rascher zunimmt, bleibt die Kompressibilität (bezogen auf die gesamten Längen- und Queränderungen) bis zum 2. Stadium ungefähr gleich (vgl. Abschnitt „Kompressibilität des Betons"). Die Materialstruktur kann in diesem Zustand als stabil angesehen werden, obwohl eine Lockerung der Struktur mit wachsenden bleibenden („banalen") Formänderungen allmählich vor sich gehen wird.

Beim 3. Stadium tritt bildsamer Zustand ein, ein Übergang zum Bruch.

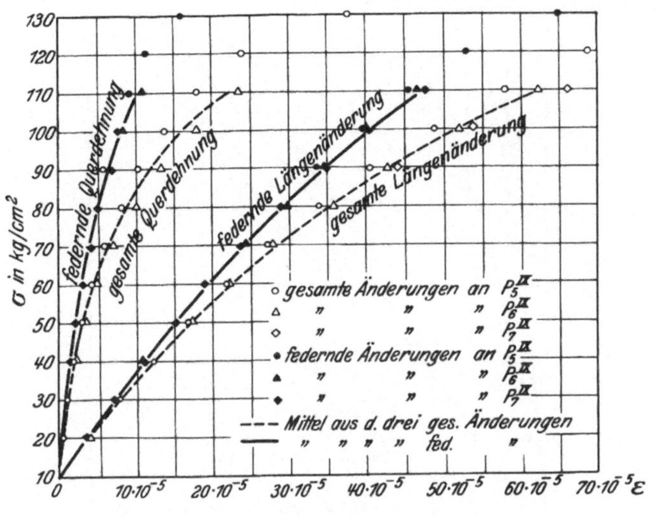

Abb. 20a.

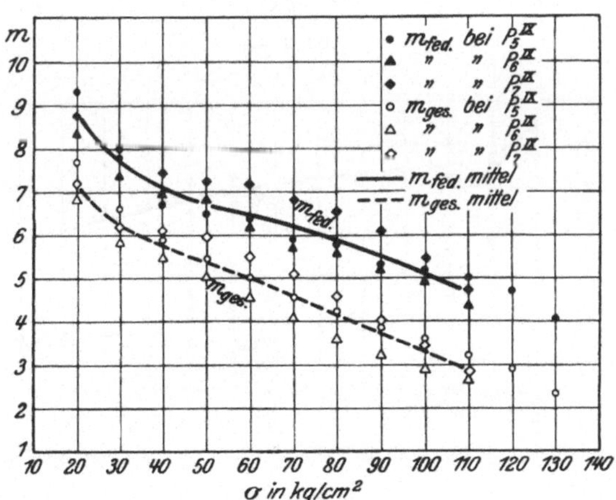

Abb. 20b.

Abb. 20a und b. Ergebnisse von Druckelastizitätsmessungen an Beton, Mischung 1:6, Wasserzusatz 8,5%, $\frac{W}{Z} = 0,60$, plastisch, Alter 90 Tage; Prismendruckfestigkeit$_{mittel} = 168$ kg/cm².

Während der 2. und 3. Stadien stimmen die Versuchsergebnisse von einer und derselben Versuchsreihe in den einzelnen Werten und in der Art des Verlaufs viel besser überein als beim 1. Stadium.

Wenn das 3. Stadium auftritt, so nimmt die Kompressibilität des Materials in sehr raschem Tempo ab bis auf Null (vgl. Abb. 24). Kompressibilität $= 0$ entspricht dem Wert $m_{ges} = 2$, d. h. gesamte räum-

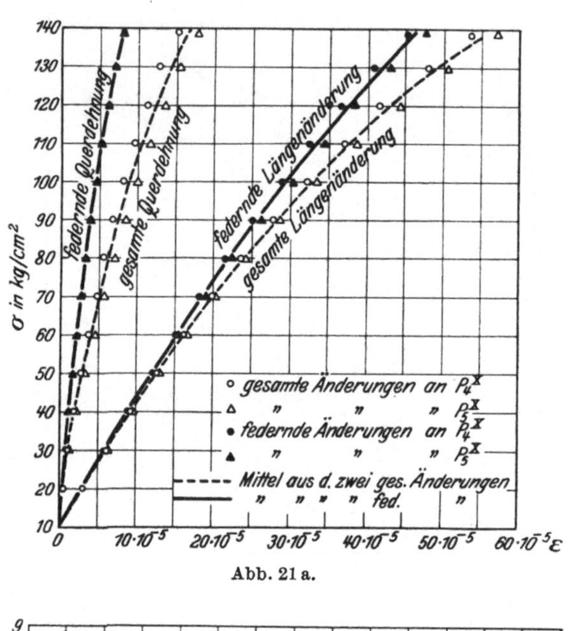

Abb. 21 a.

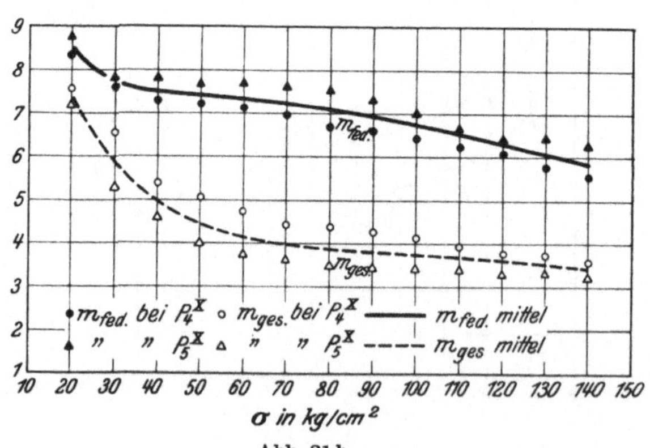

Abb. 21 b.

Abb. 21a und b. Ergebnisse von Druckelastizitätsmessungen an Beton, Mischung 1 : 6, Wasserzusatz 6,5 %, $\dfrac{W}{Z} = 0{,}45$, erdfeucht, Alter 90 Tage; Prismendruckfestigkeit$_{mittel} = 234$ kg/cm².

liche Formänderung $e_{ges} = \varepsilon_{ges}^x + \varepsilon_{ges}^y + \varepsilon_{ges}^z = 0$. Während e_{ges} gleich Null wird, bleibt die federnde räumliche Formänderung e_{fed} noch kleiner als Null. $e < 0$ bedeutet räumliche Verkürzung. Dann ist im allgemeinen $m_{ges} < m_{fed}$. Solange $m_{fed} > 2$ ist, ist das Material noch elastisch-kompressibel und verhält sich zum Teil noch wie ein elastischer Körper (elastisch-plastischer Zustand).

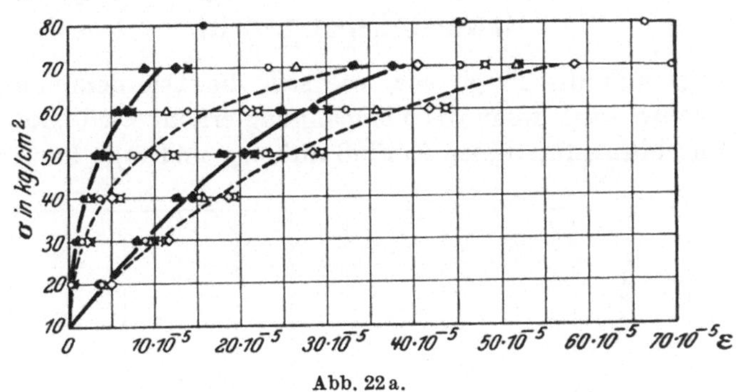

Abb. 22a.

o gesamte Änderungen an $P_4 XI$
△ ,, ,, ,, $P_5 XI$
◇ ,, ,, ,, $P_6 XI$
◻ ,, ,, ,, $P_7 XI$
● federnde Änderungen an $P_4 XI$
▲ ,, ,, ,, $P_5 XI$
◆ ,, ,, ,, $P_6 XI$
✕ ,, ,, ,, $P_7 XI$
--- Mittel aus den 4 gesamten Änderungen
—— Mittel aus den 4 federnden Änderungen

Abb. 22a und b. Ergebnisse von Druckelastizitätsmessungen an Beton, Mischung 1 : 10, Wasserzusatz 6,8 %, $\dfrac{W}{Z} = 0,75$, schwach-plastisch, Alter 90 Tage; Prismendruckfestigkeit$_{mittel}$ = 102 kg/cm².

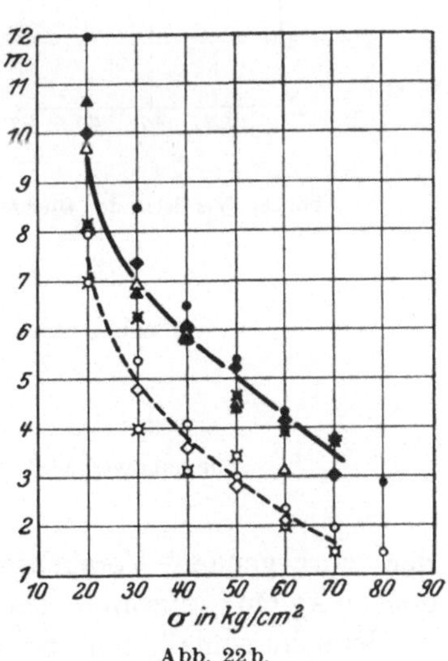

Abb. 22b.

Bei der weiteren Spannungssteigerung wird sich jedoch m_{fed} dem Wert 2 nähern. Sodann vermag das Material keine weitere Formänderungsenergie mehr aufzuspeichern und die A_g-ε-Kurve[1] verläuft wagerecht (Abb. 25). Bei Beton ist aber keine ausgeprägte Grenze zwischen den elastischen und plastischen Zuständen.

Die Energieaufnahmefähigkeit des Betons soll an späterer Stelle behandelt werden (vgl. Abschnitt „Elastische Potentiale").

---

[1] A_g bedeutet Gestaltänderungsenergie.

10. Einfluß der Größe der Vorspannung auf die Querdehnungszahl.

Es liegt nun die Frage vor, wie sich die Querdehnungszahl von Beton ergeben wird, wenn die Vorspannung erhöht wird. Die unmittelbaren Aufschlüsse für diesen Einfluß auf m_{ges} und m_{fed} kann man von

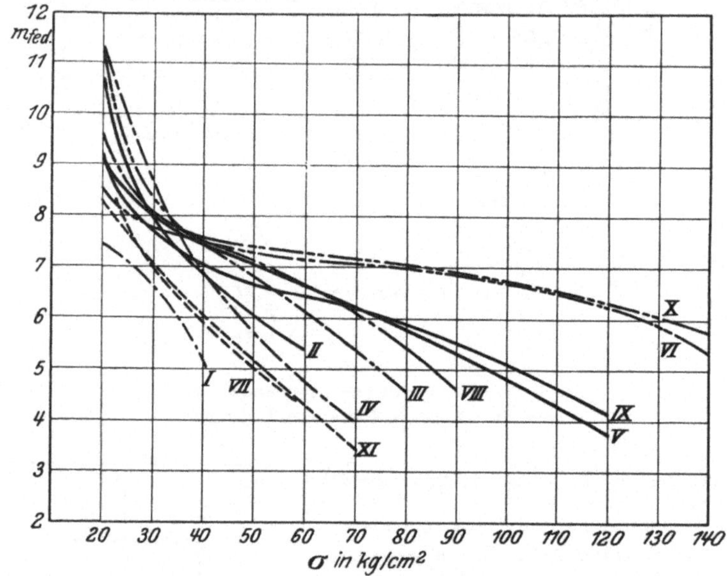

Abb. 23. Vergleich der Querdehnungszahlen m_{fed} bei den Versuchsreihen I—XI.

Mischungsverhältnis 1 : 6
- *I* gießfähig 7 Tage
- *II* plastisch 7 ,,
- *III* erdfeucht 7 ,,
- *IV* gießfähig 45 ,,
- *V* plastisch 45 ,,
- *VI* erdfeucht 45 ,,
- *VIII* gießfähig 90 ,,
- *IX* plastisch 90 ,,
- *X* erdfeucht 90 ,,

Mischungsverhältnis 1 : 10
- *VII* schwach-plastisch 45 Tage
- *XI* schwach-plastisch 90 ,,

den vorliegenden Versuchsergebnissen, bei denen die Vorspannung $\sigma = 10$ kg/cm² zugrunde gelegt wurde, nicht ohne weiteres erwarten.

Jedoch, gemäß dem bereits erwähnten Hysteresisgesetz (vgl. Abschnitt. „Jungfräuliche Längen- und Querdehnungen"), sind wir in der Lage, die Querdehnungszahl m_{jgfr} bei höheren Vorspannungen zu ermitteln.

Wir haben die jungfräulichen Längen- und Queränderungen festgestellt und zwar bei der Vorspannungsgröße $\sigma = 10$ kg/cm². Nun wollen wir die m_{jgfr}-Zahl bei einer höheren Vorspannung, z. B. $\sigma = 30$ kg/cm², ermitteln. Da die jungfräulichen Kurven von vorhergegangenen, kleineren Beanspruchungen unabhängig sind (Hysteresisgesetz), so gelten die Kurven a—b und c—d (Abb. 26) als die jungfräulichen Kurven auch bei der Vorspannung $\sigma = 30$ kg/cm² für $\sigma \geqq 30$ kg/cm². Wir nehmen ein neues Koordinatensystem, dessen Anfangspunkt auf a liegt und dessen Achsen den ursprünglichen Achsen parallel sind. $c-d$-Kurve (jungfräuliche Querdehnung bei der Vorspannung $\sigma = 30$ kg/cm²) soll parallel verschoben werden bis c mit a übereinstimmt.

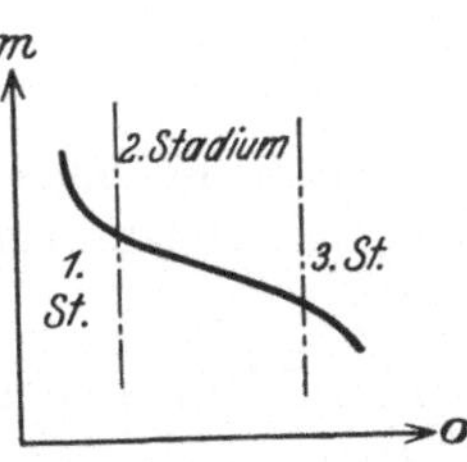

Abb. 24. Charakteristischer Verlauf der m - σ - Kurve ($\sigma < 0$ bei Druck).

Die Querdehnungszahl m_{jgfr} bei der Vorspannung $\sigma = 30$ kg/cm² kann durch das Verhältnis x/y ermittelt werden. Auf diese Weise kann die m_{jgfr}-Zahl für die höheren Vorspannungen mit Hilfe der Zahlentafeln 3—13 für die Versuchsreihen I — XI ermittelt werden. Es sei hier nur ein Beispiel (Versuchskörper P_7^{IX}, 1 : 6, plastisch, 90 Tage) vorgelegt, um die allgemeine Tendenz unter solchem Zustand zu zeigen.

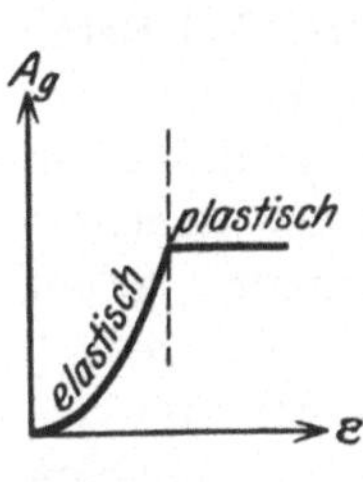

Abb. 25. A_g-ε-Kurve.

Zahlentafel 14. Querdehnungszahlen m_{jgfr} bei höheren Vorspannungen.

bis ＼ von	10	20	30	40	50	60	70	80	90	100	110
20 kg/cm²	9,87										
30　„	6,66	5,07									
40　„	6,22	5,26	5,43								
50　„	5,98	5,36	5,51	5,58							
60　„	5,66	5,18	5,22	5,12	4,75						
70　„	5,47	5,11	5,12	5,04	4,84	4,92					
80　„	5,00	4,70	4,65	4,52	4,29	4,13	3,49				
90　„	4,47	4,24	4,17	4,03	3,83	3,66	3,28	3,16			
100　„	3,89	3,71	3,62	3,48	3,31	3,15	2,87	2,71	2,38		
110　„	3,26	3,12	3,04	2,92	2,78	2,65	2,43	2,29	2,05	1,84	
120　„	2,68	2,57	2,50	2,40	2,30	2,19	2,04	1,93	1,75	1,60	1,45

Es ist zu bemerken (vgl. Abb. 27):

1. Der Verlauf der m_{jgfr}-σ-Kurven ist im 1. Stadium (etwa bis $\sigma = 40$ kg/cm²) im großen Umfang schwankend und der erste Wendepunkt verschwindet bei höheren Vorspannungen.

2. Beim weiteren Verlauf in den 2. und 3. Stadien verlaufen die m_{jgfr}-σ-Kurven bei verschiedenen Vorspannungen unter gleicher Tendenz.

3. Je höher die Vorspannung wird, desto kleiner ergibt sich die m_{jgfr}-Zahl, z. B.

$$\sigma = 10 \text{ bis } 100 \text{ kg/cm}^2, \quad m_{jgfr} = 3{,}89,$$
$$\sigma = 50 \text{ „ } 100 \text{ kg/cm}^2, \quad m_{jgfr} = 3{,}31,$$
$$\sigma = 90 \text{ „ } 100 \text{ kg/cm}^2, \quad m_{jgfr} = 2{,}05.$$

Daß die obigen Bemerkungen 1 und 2 in weiterem Umfang gelten, sehen wir später bei den Versuchen unter häufig wiederholten Belastungen.

11. Abhängigkeit der Querdehnungszahl vom Alter.

Für die Ermittlung des Einflusses des Alters auf die Querdehnungszahl sind in den vorliegenden Versuchen die Alter von 7 Tagen, 45 Tagen und 90 Tagen zugrunde gelegt.

In Abb. 28 ist die Abhängigkeit der m_{fed}-Zahl vom Alter bei Beton (1 : 6, gießfähig, plastisch und erdfeucht) aufgetragen, bei denen jeweils die Mittelwerte der einzelnen Versuchsreihen zugrunde gelegt wurden.

Man betrachte erst die Abb. 28a (1 : 6, gießfähig). Die m_{fed}-Zahlen für die Spannungsstufen $\sigma = 10$ bis 20 kg/cm^2, $\sigma = 10$ bis 30 kg/cm^2 und $\sigma = 10$ bis 40 kg/cm^2 nehmen mit

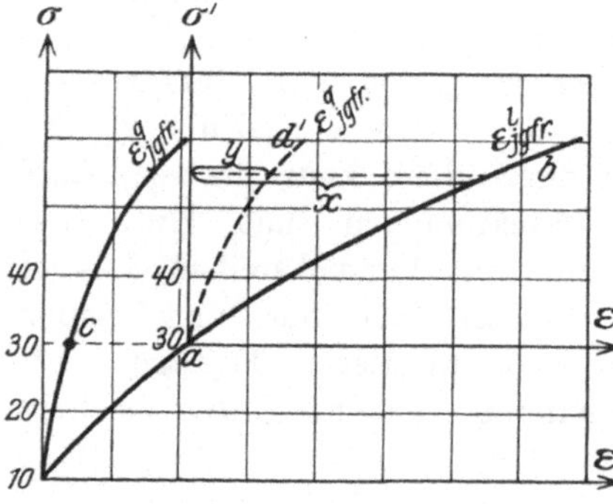

Abb. 26. Jungfräuliche Längen- und Queränderungen bei verschiedenen Vorspannungen.

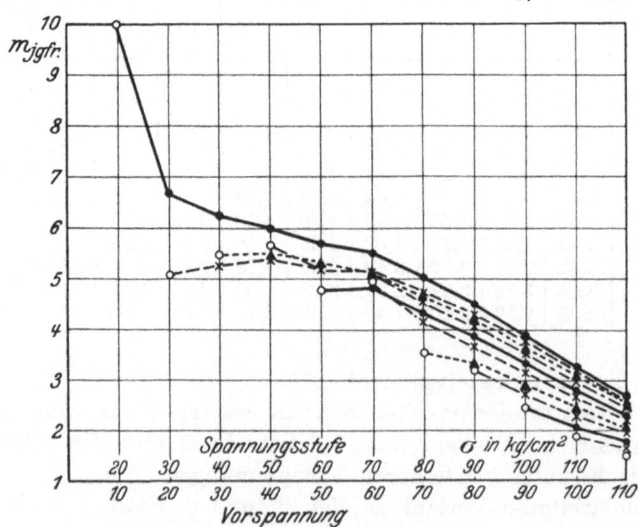

Abb. 27. Die m_{jgfr}-Zahlen bei verschiedenen Vorspannungsgrößen. Ergebnisse bei P_7^{IX}
(1 : 6, plastisch, 90 Tage alt).

wachsendem Alter von 7 Tagen bis 45 Tagen zu. Die Prismendruckfestigkeiten wachsen dabei von 57 kg/cm² bis auf 102 kg/cm². Aus

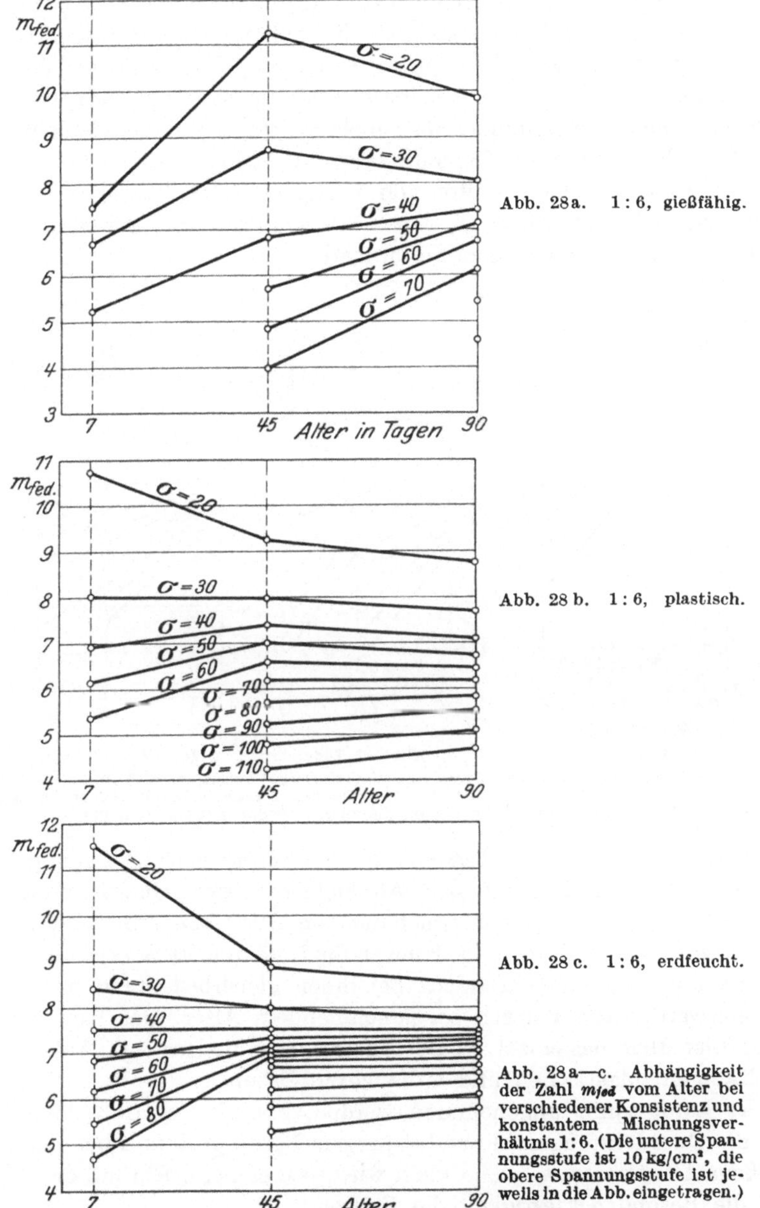

Abb. 28a. 1:6, gießfähig.

Abb. 28b. 1:6, plastisch.

Abb. 28c. 1:6, erdfeucht.

Abb. 28a—c. Abhängigkeit der Zahl m_{fed} vom Alter bei verschiedener Konsistenz und konstantem Mischungsverhältnis 1:6. (Die untere Spannungsstufe ist 10 kg/cm², die obere Spannungsstufe ist jeweils in die Abb. eingetragen.)

dem Verhalten in jungem Alter könnte es scheinen, als ob die Querdehnungszahl mit zunehmendem Alter zunehme.

Mit dem weiter zunehmenden Alter von 45 Tagen bis 90 Tagen
(die Zunahme der Prismendruckfestigkeit, $135 - 102 = 33\,\text{kg/cm}^2$) nehmen
die m_{fed}-Zahl für die niedrigen Spannungsstufen $\sigma = 10$ bis 20 kg/cm²,
$\sigma = 10$ bis 30 kg/cm² ab und für die höheren Spannungsstufen zu
und die Differenzen zwischen den einzelnen m_{fed}-Zahlen für verschiedene
Spannungsstufen werden verkleinert; es ist merkwürdig, wie sämtliche
Kurven gleicher Spannung mit zunehmendem Alter zusammenlaufen.

Diese letztgenannte Tendenz herrscht noch in weiterem Umfang
für die ganzen Gebiete (Alter von 7 Tagen bis 90 Tagen) bei Beton,
1 : 6, plastisch und erdfeucht, deren Prismendruckfestigkeiten allerdings
größer als beim gießfähigen Beton sind.

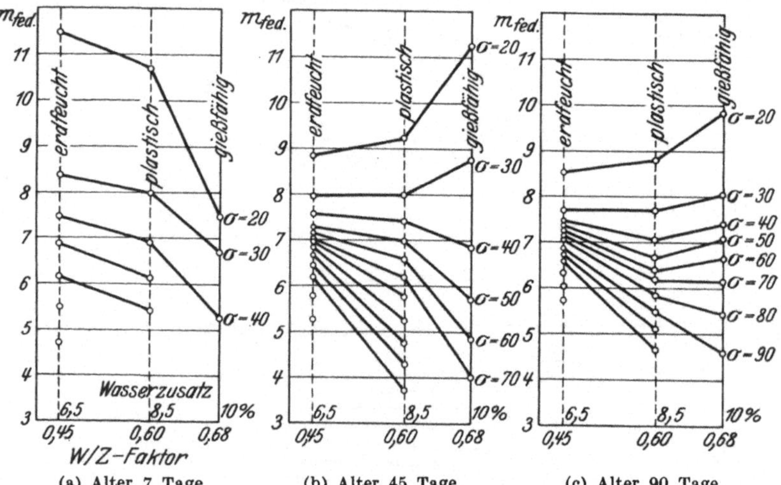

(a) Alter 7 Tage,   (b) Alter 45 Tage,   (c) Alter 90 Tage.

Abb. 29a—c. Abhängigkeit der Zahl m_{fed} vom Wasserzusatz, (Konsistenz W/Z) bei verschiedenem
Alter und konstantem Mischungsverhältnis 1 : 6. (Die den Kurven beigeschriebenen Spannungen
geben jeweils die obere Spannungsstufe an, die untere Spannungsstufe ist immer 10 kg/cm².)

Diese konvergierende Tendenz der Kurven gleicher Spannung kann
als ein Charakteristikum der Abhängigkeit der Querdehnungszahl
m_{fed} (auch m_{ges}, m_{jafr}) von zunehmendem Alter bezeichnet werden.

Vergleicht man die m_{fed}-σ-Kurven für 7, 45 und 90 Tage (Abb. 30), so
ist die konvergierende Tendenz bei ihnen gleichbedeutend mit einem
Flacherwerden der Kurven bei zunehmendem Alter. Das Konvergenz-
tempo ist aber bei einzelnen Betonarten verschieden; vgl. Abb. 28 für
gießfähigen, plastischen und erdfeuchten Beton.

Es kann somit angenommen werden, daß der Einfluß des Alters
auf die Querdehnungszahl nur bei jungem Beton groß und bei genügend
großem Alter verschwindend klein wird, wie es beim Einfluß des Alters
auf die Betondruckfestigkeit der Fall ist.

Die vorstehenden Erörterungen gelten im allgemeinen auch für
die m_{ges}- und m_{jafr}-Zahlen.

12. Abhängigkeit der Querdehnungszahl vom Wasserzusatz (Konsistenz, Wasser-Zement-Faktor).

Wir haben in den vorhergehenden Abschnitten bereits die Einflüsse der Spannungsgröße und des Alters auf die Querdehnungszahl festgestellt. Auf diesen gewonnenen Grundlagen wollen wir weiter den Einfluß des Wasserzusatzes untersuchen. Hierbei sollen drei verschiedene Wasserzusätze zugrunde gelegt werden, und zwar bei einem und demselben Mischungsverhältnis 1 : 6.

Die gewählten Wasserzusätze sind:

Wasserzusatz in Gewichtsteilen	Konsistenz	W-Z-Faktor	Versuchsreihe
10,0%	gießfähig	0,68	*I, IV, VIII*
8,5%	plastisch	0,60	*II, V, IX*
6,5%	erdfeucht	0,45	*III, VI, X*

Innerhalb eines bestimmten Mischungsverhältnisses sind größerer Wasserzusatz, größerer W-Z-Faktor und nassere Konsistenz von paralleler Bedeutung, was bei einer Behandlung von verschiedenen Mischungsverhältnissen nicht ohne weiteres gelten kann.

Man betrachte zuerst die Abb. 29a, die Ergebnisse beim Alter von 7 Tagen. Wie man aus der Abbildung ersieht, nehmen die Querdehnungs-

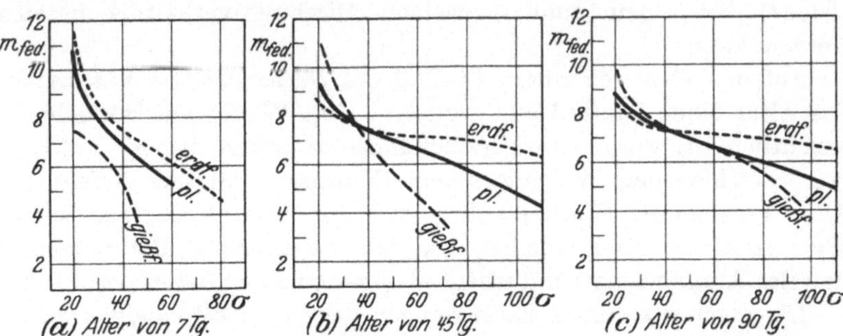

Abb. 30a—c. Vergleich der m_{fed}-σ-Kurven bei verschiedenem Alter mit besonderer Berücksichtigung der Konsistenz.

zahlen für die Spannungsstufen $\sigma = 10$ bis $20\,\text{kg/cm}^2$, $\sigma = 10$ bis $30\,\text{kg/cm}^2$ und $\sigma = 10$ bis $40\,\text{kg/cm}^2$ mit zunehmendem Wasserzusatz (also mit zunehmendem W-Z-Faktor oder mit zunehmender Neigung nach nasser Konsistenz) ab. Diese Tendenz erleidet aber bald eine Veränderung bereits beim Alter von 45 Tagen. Die allgemeinere Tendenz findet man bei einem Alter von 45 Tagen und 90 Tagen.

Beim Alter von 45 Tagen nehmen die Querdehnungszahlen für die niedrigen Spannungsstufen $\sigma = 10$ bis $20\,\text{kg/cm}^2$, $\sigma = 10$ bis $30\,\text{kg/cm}^2$

zu und für die höheren Spannungsstufen ab. Die gleiche Tendenz zeigt
sich auch beim Alter von 90 Tagen. Die m_{fed}-Kurven gleicher Spannung
laufen mit zunehmendem Wasserzusatz auseinander (vgl. Abb. 29); die
m_{fed}-σ-Kurve verläuft in der m-σ-Ebene, auf gleiches Alter bezogen,
mit zunehmendem Wasserzusatz schräger (Abb. 30). In anderen Worten,
die Querdehnungszahl m_{fed} beim wasserarmen Beton nimmt mit zunehmenden Spannungen langsamer ab als beim wasserreichen Beton.

Diese Tendenz, von den wenigen Ausnahmen bei sehr jungem Beton
abgesehen, herrscht im allgemeinen vor, was wohl ein Charakteristikum
der Abhängigkeit der Querdehnungszahl vom Wasserzusatz (Kon-

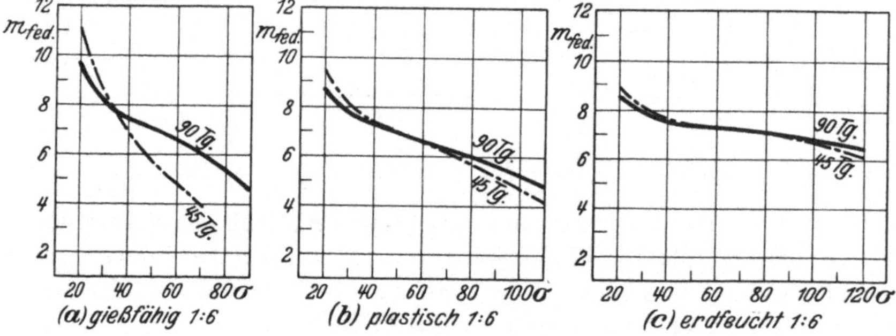

Abb. 31a—c.   Vergleich der m_{fed}-σ-Kurven bei verschiedenen Konsistenzen mit besonderer
Berücksichtigung des Alters.

sistenz) bei einem und demselben Mischungsverhältnis bezeichnet
werden kann.

Auf den eben genannten Einfluß des Wasserzusatzes übt wiederum
das Alter einen Einfluß aus (vgl. Abb. 30). Wie es aus der Abbildung
ersichtlich ist, werden die Abweichungen zwischen den m_{fed}-σ-Kurven
von verschiedenen Wasserzusätzen (Konsistenzen) mit zunehmendem
Alter verkleinert. Hierbei äußert sich der Einfluß der verschiedenen
Wasserzusätze (Konsistenzen) so, daß wasserarmer Beton dem Einfluß des Alters weniger unterliegt als wasserreicher Beton (vgl. Abb. 31).

Die oben erwähnten Erörterungen gelten im allgemeinen auch für
die m_{ges}- und m_{jgfr}-Zahl.

13. Einfluß des Mischungsverhältnisses auf die Querdehnungszahl.

Für die Ermittlung der Abhängigkeit der Querdehnungszahl vom
Mischungsverhältnis sind die Mischungsverhältnisse 1:6 und 1:10
zugrunde gelegt, und zwar beim Alter von 45 Tagen und 90 Tagen.

Einen merkwürdigen Unterschied zwischen 1:6-Beton und 1:10-
Beton haben wir bei der Ermittlung des Einflusses der mehrmaligen

Lastwiederholung auf die Längen- und Queränderungen festgestellt (vgl. Abb. 10). Es ergab sich dabei, daß die Formänderungen bei 1:10-Beton mit Lastwiederholungen in rascherem Tempo zunehmen als 1:6-Beton von gleichem Alter und angenähert gleicher Konsistenz.

Noch deutlichere Unterschiede zwischen 1:6-Beton und 1:10-Beton sehen wir im späteren Abschnitt bei der Vergleichung der Kompressibilität von den beiden Betonarten (vgl. Abb. 32). Es zeigt sich, daß, während bei 1:6-Beton Verdichtung des Materials eintreten kann,

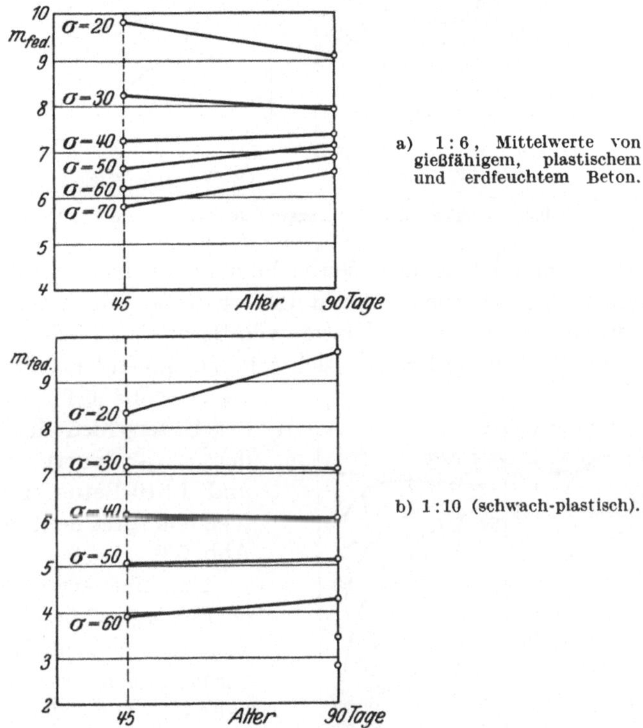

a) 1:6, Mittelwerte von gießfähigem, plastischem und erdfeuchtem Beton.

b) 1:10 (schwach-plastisch).

Abb. 32a und b. Vergleich der Abhängigkeit der Zahl m_{fed} vom Alter bei Mischungsverhältnissen 1:6 und 1:10.

dies bei 1:10-Beton (innerhalb des Alters von 90 Tagen) kaum zu finden ist. Die Struktur von 1:10-Beton unter Druck wird von niedrigen Spannungen an ständig gelockert, was natürlich mit der kleineren Festigkeit des Betons verbunden ist. Die m_{fed}-σ_d-Kurve von 1:10-Beton verläuft geradliniger als beim 1:6-Beton (vgl. Abb. 23).

Die Querdehnungszahl von 1:10-Beton nimmt mit zunehmender Spannung viel rascher ab als bei 1:6-Beton von gleicher Konsistenz und gleichem Alter. Dies gilt wahrscheinlich allgemein für die Vergleichung der Querdehnungszahlen bei magerem und fettem Beton.

Während bei 1 : 6-Beton die einzelnen m_{fed}-Zahlen für verschiedene Spannungsstufen mit dem zunehmenden Alter (von 45 Tg. bis 90 Tg.) sich annähern, geschieht es bei 1 : 10-Beton nur sehr langsam (vgl. Abb. 32).

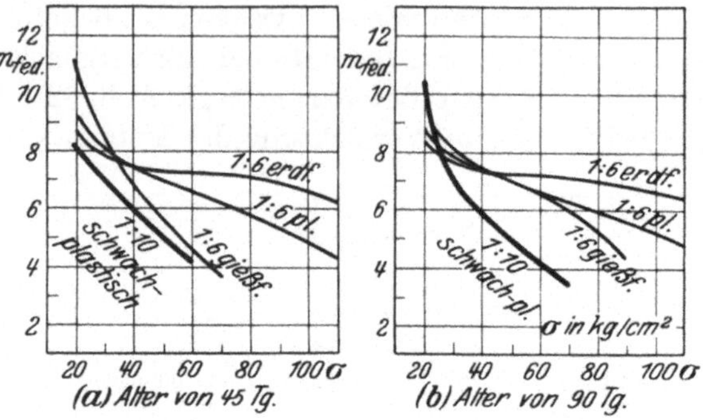

Abb. 33. Vergleich der Mischungsverhältnisse 1 : 6 und 1 : 10.

Da die Abhängigkeit der Querdehnungszahl vom verschiedenen Wasserzusatz bei gleichem Mischungsverhältnis mit zunehmendem Alter abnimmt und die m_{fed}-σ-Kurven von Beton verschiedener Wasserzusätze (gießfähig bis erdfeucht) sich mit zunehmendem Alter immer

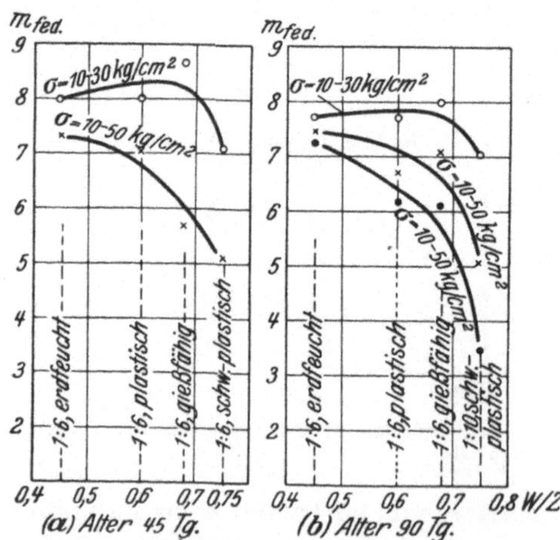

Abb. 34. Abhängigkeit der m_{fed}-Zahl vom Wasser-Zementfaktor.

mehr annähern, so werden der Unterschied des Verlaufs der m_{fed}-σ-Kurve von 1 : 6- und 1 : 10-Beton mit zunehmendem Alter deutlicher (vgl. Abb. 33).

Um eine etwas einheitlichere Vergleichung des Betons von den beiden Mischungsverhältnissen zu gewinnen, nehmen wir den Wasser-Zement-Faktor[1] als Bezugsmaß (vgl. Abb. 34). Wie man aus der Abbildung ersieht, nimmt die m_{fed}-Zahl im allgemeinen mit zunehmendem W/Z-Faktor ab. Die m_{fed}-Zahl von 1 : 10-Beton ist kleiner als diejenige von 1 : 6-Beton von gleichem Alter und angenähert gleicher Konsistenz. Der Unterschied zwischen den beiden wird mit zunehmender Spannungsstufe größer.

---

[1] Über die Bedeutung des W/Z-Faktor des Betons vergleiche Probst: Beton (Anregung zur Verbesserung des Materials). Berlin: Julius Springer 1927.

14. Abhängigkeit der E-Moduli, m-Zahlen und G-Moduli von der Prismendruckfestigkeit.

Es ist bekannt, daß der Wasserzementfaktor ein gutes Vergleichsmaß für Druckfestigkeiten von verschiedenen Betonarten sein kann. Es wäre für praktische Zwecke sehr nützlich, wenn man auch für die elastischen Konstanten ein Vergleichsmaß besitzen würde, also in einfacher Weise diese Größen, wenigstens annäherungsweise, ohne besondere Versuche angeben könnte. Für diesen Zweck versagt aber der W/Z-Faktor als Vergleichsmaß, denn man kann mit ihm nicht den Einfluß des Alters auf die elastischen Eigenschaften des Betons miteinbegreifen. Es sei daher der Vorschlag gemacht, als wesentlich umfassenderes Maß die Prismendruckfestigkeit zu wählen, da diese sowohl den Einfluß des Mischungsverhältnisses, der Kornzusammensetzung und des Wasserzusatzes als auch den des Alters umfaßt.

Wenn man die Beziehungen zwischen den elastischen Konstanten und Prismendruckfestigkeiten festgestellt hat, so zeigt sich, daß man in der Lage ist, die E-Moduli, m-Zahlen und G-Moduli für einen beliebigen Beton vom beliebigen Alter auf dem einfachsten Weg ungefähr vorauszuschätzen. Nur ist es dabei erforderlich, die Druckfestigkeit an Vergleichswürfeln oder Vergleichsprismen festzustellen, was aber ohne Zeitaufwand ganz einfach geschehen kann.

Das Verhältnis der Prismendruckfestigkeit σ_{PD} zur Würfeldruckfestigkeit σ_{WD} hat Bach untersucht und folgendes ermittelt[1]:

$$\text{für } h/d = \quad 0{,}5 \quad 1 \quad 2 \quad 3{,}7 \quad 8 \quad 12$$

$$\frac{\sigma_{PD}}{\sigma_{WD}} = \quad 1{,}41 \quad 1{,}01 \quad 0{,}95 \quad 0{,}87 \quad 0{,}86 \quad 0{,}84$$

Im allgemeinen kann man $\dfrac{\sigma_{PD}}{\sigma_{WD}} \simeq 0{,}86$ annehmen, wobei die Druckflächen ungeschmiert sind. Die Prismendruckfestigkeit stimmt andererseits sehr gut überein mit der Würfeldruckfestigkeit unter Flüssigkeitsdruck, wie es A. Föppl[2] untersucht hatte. So stellt die Prismendruckfestigkeit ohne Schmierung der Druckflächen, wie es durch v. Kármán[3] und Roš-Eichinger[4] erwähnt wurde, sehr angenähert die eigentliche Druckfestigkeit des Materials dar, was wohl dazu berechtigen kann, die Prismendruckfestigkeit als Vergleichsmaß zu wählen.

---

[1] Vgl. Probst: Vorlesungen über Eisenbeton Bd. 1, S. 277.

[2] Föppl, A.: Mitt. der Techn. Hochschule in München, 1912. 27. H.

[3] Kármán, v.: Festigkeitsversuche unter allseitigem Druck. Mitt. über Forschungsarbeiten V. d. I. 1912, H. 118.

[4] Roš, M.: Die Druckelastizität des Mörtels und des Betons, Diskussionsbericht Nr. 8 der E. M. P. A. Zürich 1925. — Roš-Eichinger: Versuche zur Klärung der Frage der Bruchgefahr, Diskussionsbericht 1928, Nr. 28.

Die gesuchten Beziehungen zwischen E-Moduli, m-Zahlen, G-Moduli und Prismendruckfestigkeiten werden nebenstehend graphisch dar-

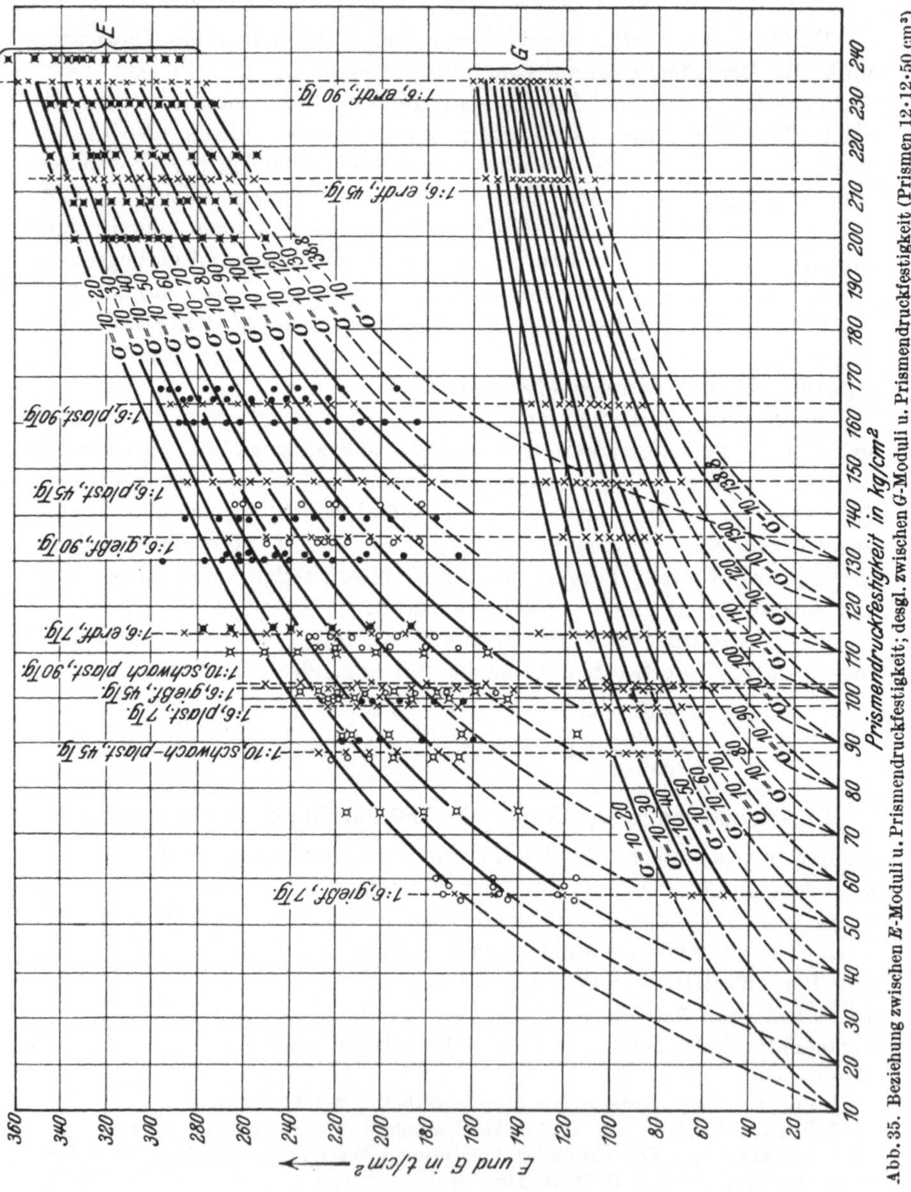

Abb. 35. Beziehung zwischen E-Moduli u. Prismendruckfestigkeit; desgl. zwischen G-Moduli u. Prismendruckfestigkeit (Prismen 12·12·50 cm³).

gestellt. Den Beziehungen sind die Versuchsergebnisse bei den Versuchs-reihen I—XI zugrunde gelegt. Dabei ist unter E und G in bekannter

Weise zu verstehen:

$$E = \frac{\sigma}{\varepsilon_{fed}}, \qquad G = \frac{m_{fed}}{2\,(m_{fed}+1)} \cdot E\,.$$

Bei der Elastizitätsmessung wurde stets von der Vorbelastung $\sigma=10\,\text{kg/cm}^2$ ausgegangen; ist σ' eine beliebige Spannungsstufe größer als 10 kg/cm², so folgt:

$$E = \frac{\sigma' - 10}{\varepsilon_{fed}},$$

$(\sigma = \sigma' - 10 \text{ kg/cm}^2)\,.$

Wie man aus der Abb. 35 ersieht, nehmen die E-Moduli und G-Moduli für sämtliche Spannungsstufen mit zunehmender Prismendruckfestigkeit zu, während dies bei der m-Zahl nicht der Fall ist (Abb. 36). Die m-Zahl wird mit zunehmender Prismendruckfestigkeit beständiger und die einzelnen Werte für verschiedene Spannungsstufen nähern sich aneinander.

Die Auftragung zeigt, daß die E-Moduli und G-Moduli für $\sigma = 10$ bis 50 kg/cm² bei Beton sich annäherungsweise durch die folgenden Formeln ausdrücken lassen:

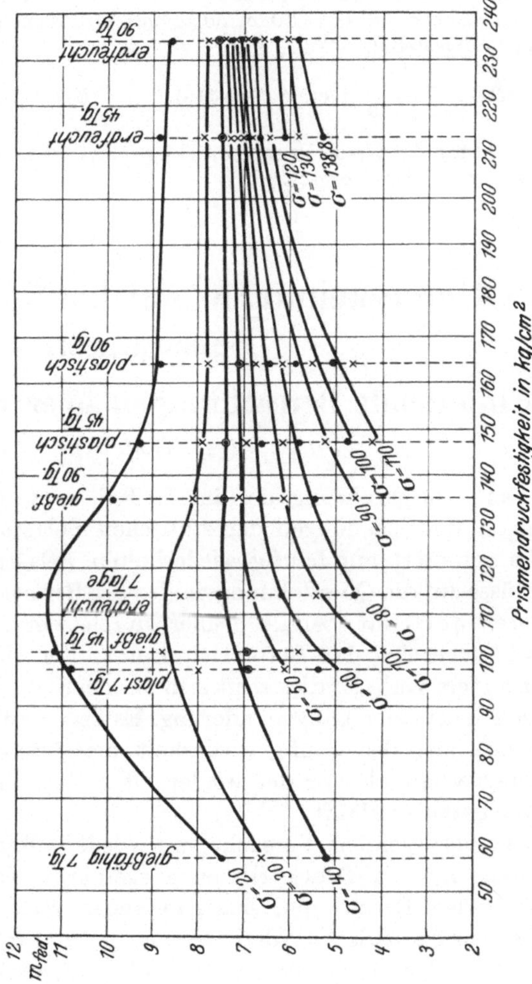

Abb. 36. Beziehungen zwischen m_{fed} und der Prismendruckfestigkeit bei konstantem Mischungsverhältnisse 1 : 6. (Die untere Spannungsstufe ist immer 10 kg/cm², die obere Stufe ist jeweils eingetragen.)

$$E = 700 \cdot \frac{\sigma_{PD}}{\sigma_{PD} + 250} \text{ t/cm}^2,$$

$$G = 400 \cdot \frac{\sigma_{PD}}{\sigma_{PD} + 385} \text{ t/cm}^2\,.$$

Die durch diese Formeln ermittelten Werte entsprechen sehr gut den Versuchsergebnissen bei Beton, deren Prismendruckfestigkeiten

σ_{PD} größer als 100 kg/cm² sind. Bei niedrigen Prismendruckfestigkeiten ergeben die Formeln etwas zu große Werte. Wieweit diese Formeln für höhere Prismendruckfestigkeiten gelten können, kann man erst nach weitergehenderen Untersuchungen feststellen.

NB. Schüle und Eidgenössische Materialprüfungsanstalt in Zürich[1] haben für den gleichen Fall ($\sigma = 10$ bis 50 kg/cm², bei Prismen 12/12/36 cm) die folgende Formel aufgestellt:

$$E = 625 \cdot \frac{\sigma_{PD}}{\sigma_{PD} + 160} \ \text{t/cm}^2 \ (\text{Schüle}), \qquad E = 550 \cdot \frac{\sigma_{PD}}{\sigma_{PD} + 150} \ \text{t/cm}^2 \ (\text{Roš}).$$

was aber für die kleine Prismendruckfestigkeit (etwa unter 100 kg/cm²) zu hohe Werte der E-Moduli ergibt.

B. Untersuchungen mit häufig wiederholten Belastungen.

1. Einleitende Betrachtungen über die Prüfmaschine
(vgl. Abb. 37).

Nach Durchführung der im I. Teil. erörterten Versuche mit nur wenigen Wiederholungen der statischen Belastungen wurden die Versuche erweitert auf häufig wiederholten Belastungen, um auch deren Einflüsse auf die Querdehnungszahlen des Betons zu ermitteln.

Mehmel[2] hat bereits früher durch Versuche mit der gleichen Maschine gezeigt, daß Beton sich nach häufig wiederholten Belastungen ganz anders verhält; dies zeigt sich am deutlichsten an der Veränderung der σ-ε-Kurve der Längenänderung. Es liegt nun die Frage nahe, ob die Querdehnung des häufig wiederholt belasteten Betons sich ebenfalls anders verhält als vor der wiederholten Belastung und wie die Querdehnungszahl verläuft.

Die vorliegenden Versuche mit wiederholten Belastungen wurden ebenfalls nur an Druckprismen ausgeführt. Von Versuchen mit abwechselnden Druck- und Zugspannungen wurde abgesehen. Die Versuche wurden zwischen den Grenzen σ_u und σ_o vorgenommen; σ_u ist die untere Spannung und σ_o ist die obere Spannung. Die Maschine war jedoch so konstruiert, daß keinerlei Stoßwirkung auftreten konnte[3].

---

[1] Vgl. Roš-Eichinger: Ebenda (Diskussionsbericht Nr. 28, E. M. P. A., Zürich).

[2] Mehmel: Ebenda.

[3] Die Druckspindel, die mit einem Ende auf den Meßdosenbolzen drückt, ist mit einem Federsystem in Verbindung gesetzt.

Die Spannung soll stets auf die Spannung des Versuchskörpers selbst bezogen werden und die Belastung am Manometer abgelesen werden, es wird somit immer nur die statische Größe der Belastung abgelesen. Damit ist jedoch nicht gesagt, daß die Belastungswechselzahl, also Belastungsgeschwindigkeit, auf Formänderungsvorgänge keinen Einfluß ausübt. Es liegen aber die Verhältnisse hier ganz anders als bei dem Fall der Stoßgeschwindigkeit einer äußeren Kraft, wobei die auf den Körper übertragene Energiemenge je nach der Geschwindigkeit veränderlich ist. Bei den Versuchen mit der Dauermaschine ist die Abhängigkeit des Formänderungsvorganges von verschiedener Belastungsgeschwindigkeit auf die Eigenschaft des Materials selbst zurückzuführen, und nicht etwa auf die Veränderlichkeit der Wirkung der äußeren Belastung.

Die zwischen σ_u und σ_o periodisch veränderliche Belastung ruft eine Art erzwungene Schwingung im Versuchskörper hervor. Es muß dabei überlegt werden, ob die regelmäßige Belastungswiederholung eventuell zur Resonanz führen kann, welche sehr erhebliche Formänderungen

Abb. 37. Versuchseinrichtung für wiederholte Belastung. 50-t-Dauermaschine für Druck- und Biegeversuche. 20–180 Lastwechsel pro Minute und 0–5 mm Hub.

hervorbringen und den gleichmäßigen Gang der Maschine stören kann.

Die entstehende Schwingung ist offenbar eine Längsschwingung. Wenn die Maschine arbeitet, befinden sich die beiden Druckplatten in vertikaler Bewegung. Die untere Druckplatte, welche mit dem unteren Biegetisch verbunden ist, macht eine größere Bewegung als die obere, welche mit dem oberen Biegetisch verbunden ist, welcher, durch ein Gegengewichtssystem ausbalanciert, aufgehängt ist. Wir wollen uns nun kurz mit der Frage der Möglichkeit einer Resonanz beschäftigen.

Wir nehmen den Schwerpunkt der oberen Druckfläche als Anfangspunkt und die Längsachse des Prismenkörpers als die X-Achse. Es sei also x der Abstand eines Querschnittes des Körpers von der oberen Druckfläche. Bei Längsschwingungen verschieben sich die Querschnitte parallel mit sich selbst in der Richtung der X-Achse. Während des Zeitelementes dt erleide der an der Abszisse x gelegene Querschnitt die Verschiebung u. Ferner nehmen wir an, daß sowohl die relative Bewegung der unteren Druckplatte gegen die obere Druckfläche als auch die stoßfreie Kraftwirkung zwischen σ_u und σ_o nach Sinuskurven periodisch veränderlich sei (vgl. Abb. 38).

Die Spannung zur Zeit t ist, wenn für $t=0$, $\sigma=\sigma_u$:

$$\sigma(t) = \frac{\sigma_u+\sigma_o}{2} + \frac{\sigma_o-\sigma_u}{2} \sin\left(\omega t - \frac{\pi}{2}\right),$$

hierbei $\omega =$ Winkelgeschwindigkeit der Spannungsveränderlichkeit
$\qquad = 2\,\pi\,N$,
$\quad N =$ Belastungswechselzahl (Schwingungszahl) pro Sekunde,
$\qquad = 1/T$,
$\quad T =$ Schwingungsdauer.

Wir setzen voraus, daß die Proportionalität zwischen Spannungen und Formänderungen in den beiden Richtungen $\sigma_u \to \sigma_o$ und $\sigma_o \to \sigma_u$ angenähert gelte[1].

Die Frage nach den Längsschwingungen eines prismatischen Körpers ist auf die Integration der Differentialgleichung $\dfrac{\partial^2 u}{\partial t^2} = V^2 \dfrac{\partial^2 u}{\partial x^2}$ zurückzuführen. Hierbei

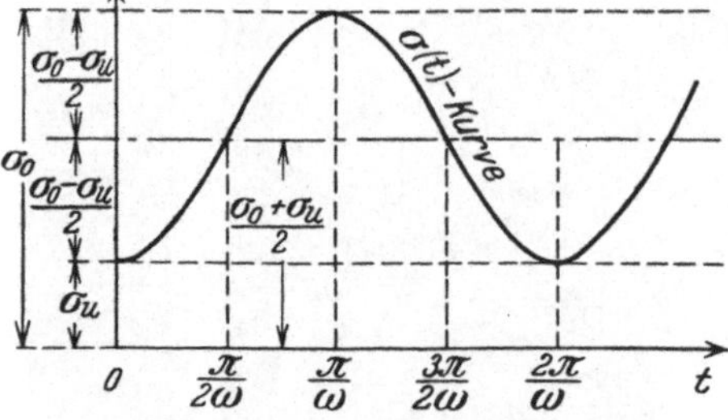

Abb. 38. Spannungsveränderlichkeit mit t.

$V =$ Fortpflanzungsgeschwindigkeit der Dehnungswellen im stabförmigen Körper.

Da jeder Querschnitt des Prismenkörpers synchron mit der beweglichen Druckplatte schwingt, kann die relative Bewegung des Querschnittes gegen die obere Druckfläche durch die folgende Formel gegeben werden:

$$u = \xi \sin\left(\omega t - \frac{\pi}{2}\right).$$

ξ ist die Amplitude eines schwingenden Querschnittes x. Man sehe aber vorläufig ab von der statischen Bedingung $2\,\xi = x\left(\dfrac{\sigma_o}{E_o} - \dfrac{\sigma_u}{E_u}\right)$ und setze u in die obige Differentialgleichung ein. Hierbei $E_u =$ Elastizitätsmodul für die Spannungsgröße σ_u, $E_o =$ Elastizitätsmodul für die Spannungsgröße σ_o. So bekommt man die Gleichung

$$\frac{d^2\xi}{dx^2} + \frac{\omega^2}{V^2}\,\xi^2 = 0.$$

---

[1] Es ist bekannt, daß die Breite der Hysteresisschleife bei den elastisch-festen Materialien mit wachsenden Belastungswiederholungen abnimmt und die Strecke der Proportionalität erhöht wird.

Das allgemeine Integral lautet dann

$$\xi = A \cos \frac{\omega}{V} x + B \sin \frac{\omega}{V} x$$

für $x = 0$, $\xi = 0$; $A = 0$,
für $x = l$, $\xi = \delta = \frac{1}{2}$ (die Verkürzung der Prismenlänge durch $\sigma_o - \sigma_u$).
Also

$$\xi = \frac{\delta}{\sin \dfrac{\omega l}{V}} \cdot \sin \frac{\omega x}{V}.$$

Wenn $\sin \dfrac{\omega l}{V} = \sin \dfrac{2\pi N l}{V} = 0$, so wird ξ unendlich. Dieser Fall tritt ein, wenn

$$\frac{2 N l}{V} = k \qquad (k = 1, 2, 3, \ldots),$$

$$N = \frac{k}{2 l} \sqrt{\frac{E}{\varrho}}. \qquad \text{(C. G. S.)}$$

Die hieraus sich ergebenden Werte von N entsprechen aber den longitudinalen Eigentönen eines Stabes, dessen beide Enden fest sind. Die Amplitude wird dann, wenn auch nicht unendlich, so doch relativ groß. Wenn $k = 1$, so ergibt sich die Schwingungszahl für den Grundton

$$N = \frac{1}{2 l} \sqrt{\frac{E}{\varrho}} = \frac{1}{2 l} V.$$

Wir nehmen für Betonprismen an: $V = 3000$ m/sek, $l = 50$ cm, so wird

$$N_1 = 3000.$$

Die Longitudinaltöne liegen bei Stäben stets sehr hoch. Da bei der vorliegenden Dauermaschine die Belastungswechselzahl nur bis auf $\dfrac{180}{60} = 3$ pro Sekunde gesteigert werden kann, so kann von derartiger Resonanzgefahr keine Rede sein.

Es gibt aber bei manchen Dauermaschinen noch eine andere Art Resonanzgefahr, nämlich wenn die Eigenschwingungen der Maschine selbst und die Belastungswechselzahl übereinstimmen[1]. Da bei der vorliegenden Maschine die Belastungswechselzahl zu niedrig ist, ist diese Gefahr auch nicht vorhanden.

---

[1] O. Föppl hat gerade diese Resonanz bei der Prüfung der Drehschwingungsfestigkeit benutzt; er macht bei derartigen Versuchen die Belastungswechselzahl gleich der Eigenschwingungszahl der ganzen Anordnung, so daß nur eine sehr kleine Antriebskraft nötig wird. Vgl. O. Föppl: Versuchsanordnung zur Bestimmung der Schwingungsfestigkeit von Materialien. Maschinenbau Bd. 2, S. 1002. 1923.

Bei der kleinen Vibration, welche hauptsächlich durch die Fundamentschwingung hervorgerufen wird, muß man besonders darauf achten, daß die Meßvorrichtung dadurch nicht gestört wird; so empfiehlt es sich, z. B. die Schrauben der Fernrohre festzuhalten, um ein Fortdrehen durch die Vibration zu vermeiden.

2. Versuche mit häufig wiederholten Belastungen.

Die vorliegenden Versuche mit häufig wiederholten Belastungen beruhen auf der Betrachtung der im Versuchskörper auftretenden Formänderungsvorgänge, also von Längenänderungen und Querdehnungen zur Bestimmung von E und m.

Der Einfluß der häufig wiederholten Belastungen auf die elastischen Eigenschaften ist mit vielen anderen Einflüssen wie Herstellungsbedingungen der Versuchskörper, Versuchsanordnungen u. dgl. aufs engste verbunden, so daß es nicht möglich ist, sich vollständig von diesen Nebeneinflüssen unabhängig zu machen.

Schon im I. Teil haben wir den Einfluß weniger Lastwiederholungen auf Formänderungen bei verschiedenen Betonarten untersucht und festgestellt, daß der Einfluß in der Regel bei Beton größer ist, dessen Prismendruckfestigkeit klein ist.

Für die vorliegenden Versuche mit häufigen Lastwiederholungen ist immer der gleiche Beton (1 : 6, plastisch) verwendet worden.

Die Versuchsergebnisse, welche an den Versuchskörpern P_1^{XII} und P_2^{XII} gewonnen wurden, sollen im folgenden besprochen werden. Man muß dabei die Versuchsergebnisse in engem Zusammenhang mit dem Belastungsvorgang betrachten, da die dabei auftretenden Formänderungsvorgänge nicht ohne weiteres anderen Belastungsbedingungen entsprechen können.

a) Wiederholte Belastungen, deren obere Spannung veränderlich ist.

(Die Versuchsergebnisse an P_1^{XII}.)

Der Versuchskörper P_1^{XII} (1 : 6, plastisch) war am Anfang der Dauerversuche 80 Tage alt. Der Versuch dauerte 20 Tage. Die statische Prismendruckfestigkeit σ_{PD} bei den Vergleichskörpern im Alter von 80 Tagen betrug 160 bis 170 kg/cm². Der Körper wurde zuerst einer Elastizitätsmessung unterworfen, und zwar nur bis auf $\sigma = 50$ kg/cm², entsprechend der oberen Grenze der ersten Belastungsperiode der wiederholten Belastungen. Die Ergebnisse der Elastizitätsmessung sind folgende:

Zahlentafel 15.
Elastizitätsmessungen an P_1^{XII} vor den wiederholten Belastungen.

$$\left(\begin{array}{l}\text{Meßlänge: für die Längenänderung} = 20\ \text{cm}\\ \quad\ ,, \quad\ ,, \qquad\ ,, \qquad\qquad = 8\ ,,\end{array}\right)$$

Längenänderungen

σ in kg/cm²	ε_{ges}	ε_{bl}	ε_{fed}	E
10 bis 20	$3{,}275 \cdot 10^{-5}$	$0{,}075 \cdot 10^{-5}$	$3{,}200 \cdot 10^{-5}$	312 500
10 ,, 30	$7{,}000 \cdot 10^{-5}$	$0{,}450 \cdot 10^{-5}$	$6{,}550 \cdot 10^{-5}$	305 300
10 ,, 40	$11{,}350 \cdot 10^{-5}$	$1{,}250 \cdot 10^{-5}$	$10{,}100 \cdot 10^{-5}$	297 000
10 ,, 50	$16{,}350 \cdot 10^{-5}$	$2{,}475 \cdot 10^{-5}$	$13{,}875 \cdot 10^{-5}$	288 300

Querdehnungen

σ in kg/cm²	ε_{ges}	ε_{bl}	ε_{fed}
10 bis 20	$0{,}475 \cdot 10^{-5}$	$0{,}100 \cdot 10^{-5}$	$0{,}375 \cdot 10^{-5}$
10 ,, 30	$1{,}100 \cdot 10^{-5}$	$0{,}250 \cdot 10^{-5}$	$0{,}850 \cdot 10^{-5}$
10 ,, 40	$1{,}900 \cdot 10^{-5}$	$0{,}450 \cdot 10^{-5}$	$1{,}450 \cdot 10^{-5}$
10 ,, 50	$2{,}950 \cdot 10^{-5}$	$0{,}800 \cdot 10^{-5}$	$2{,}150 \cdot 10^{-5}$

Querdehnungszahlen

σ in kg/cm²	m_{fed}	m_{ges}
10 bis 20	8,53	6,89
10 ,, 30	7,71	6,36
10 ,, 40	6,96	5,97
10 ,, 50	6,42	5,54

Nach diesen vorhergehenden Elastizitätsmessungen wurde der Versuchskörper einer ruhenden Belastung von $\sigma = 10$ kg/cm² ausgesetzt. Während der 15 stündigen Ruhepause haben die bleibenden Änderungen bis auf $\varepsilon_{bl}^{l} = 5{,}875 \cdot 10^{-5}$ (in der Längsrichtung), $\varepsilon_{bl}^{q} = 1{,}125 \cdot 10^{-5}$ (in der Querrichtung) zugenommen.

1. Belastungsperiode. Der Körper wurde sodann der wiederholten Belastung, $\sigma_u \div \sigma_o = 10 \div 50$ kg/cm², unterworfen. Die Belastungswechselzahl (Hubgeschwindigkeit) betrug 60 Hübe pro Minute, also eine Be- und Entlastung pro Sekunde. Die Belastungs- und Formänderungsvorgänge sind in der nachstehenden Zahlentafel dargestellt:

Zahlentafel 16.
Bezogene Längen- u. Queränderungen von P_1^{XII} bei Lastwiederholung zwischen $\sigma_u \div \sigma_o = 10 \div 50$ kg/cm². ($Z = $ Zahl der gesamten Lastwiederholung.)
(1. Belastungsperiode.)
Längenänderungen (federnd).

σ in kg/cm²	$Z_1 = 500$	Ohne Ruhepause $Z_2 = 3000$	Nach 290 Stunden R. P. $Z_3 = 6000$
50 ÷ 40	$3{,}550 \cdot 10^{-5}$	$3{,}400 \cdot 10^{-5}$	$3{,}425 \cdot 10^{-5}$
40 ÷ 30	$3{,}425 \cdot 10^{-5}$	$3{,}700 \cdot 10^{-5}$	$3{,}575 \cdot 10^{-5}$
30 ÷ 20	$3{,}400 \cdot 10^{-5}$	$3{,}400 \cdot 10^{-5}$	$3{,}400 \cdot 10^{-5}$
20 ÷ 10	$3{,}400 \cdot 10^{-5}$	$3{,}400 \cdot 10^{-5}$	$3{,}325 \cdot 10^{-5}$
$\sum \varepsilon_{fed}$	$13{,}775 \cdot 10^{-5}$	$13{,}900 \cdot 10^{-5}$	$13{,}725 \cdot 10^{-5}$
$\sum \varepsilon_{bl}$ für 50 ÷ 10	$6{,}475 \cdot 10^{-5}$	$6{,}525 \cdot 10^{-5}$	$8{,}875 \cdot 10^{-5}$

Zahlentafel 16 (Fortsetzung).
Querdehnungen (federnd).

$50 \div 40$	$0{,}835 \cdot 10^{-5}$	$0{,}875 \cdot 10^{-5}$	$0{,}685 \cdot 10^{-5}$
$40 \div 30$	$0{,}615 \cdot 10^{-5}$	$0{,}690 \cdot 10^{-5}$	$0{,}690 \cdot 10^{-5}$
$30 \div 20$	$0{,}425 \cdot 10^{-5}$	$0{,}500 \cdot 10^{-5}$	$0{,}685 \cdot 10^{-5}$
$20 \div 10$	$0{,}375 \cdot 10^{-5}$	$0{,}310 \cdot 10^{-5}$	$0{,}500 \cdot 10^{-5}$
$\sum \varepsilon_{fed}$	$2{,}250 \cdot 10^{-5}$	$3{,}375 \cdot 10^{-5}$	$2{,}560 \cdot 10^{-5}$
$\sum \varepsilon_{bl}$ für $50 \div 10$	$1{,}375 \cdot 10^{-5}$	$1{,}375 \cdot 10^{-5}$	$0{,}375 \cdot 10^{-5}$

NB. Die bleibende Querdehnung nach $Z_2 = 3000$, $1{,}375 \cdot 10^{-5}$, ist während der folgenden 20 stündigen Ruhepause merkwürdigerweise bis auf $0{,}310 \cdot 10^{-5}$ zurückgetreten, während die entsprechende bleibende Längenänderung von $6{,}525 \cdot 10^{-5}$ bis auf $8{,}875 \cdot 10^{-5}$ zugenommen hat.

Querdehnungszahlen m_{fed}.

$10{-}20\,\mathrm{kg/cm^2}$	9,07	10,97	6,65
$10{-}30$ „	8,50	8,39	5,67
$10{-}40$ „	7,23	7,00	5,49
$10{-}50$ „	6,12	5,86	5,36

Anmerkung: Die Längen- und Queränderungen wurden bei allen Untersuchungen nicht während des Ganges der Maschine gemessen, sondern die einzelnen Laststufen wurden mit dem Handrad eingestellt.

Der Körper wurde sodann (ohne Ruhepause) einer weiteren Elastizitätsmessung unterworfen, und zwar nach einer einmaligen Belastung bis auf $100\,\mathrm{kg/cm^2}$.

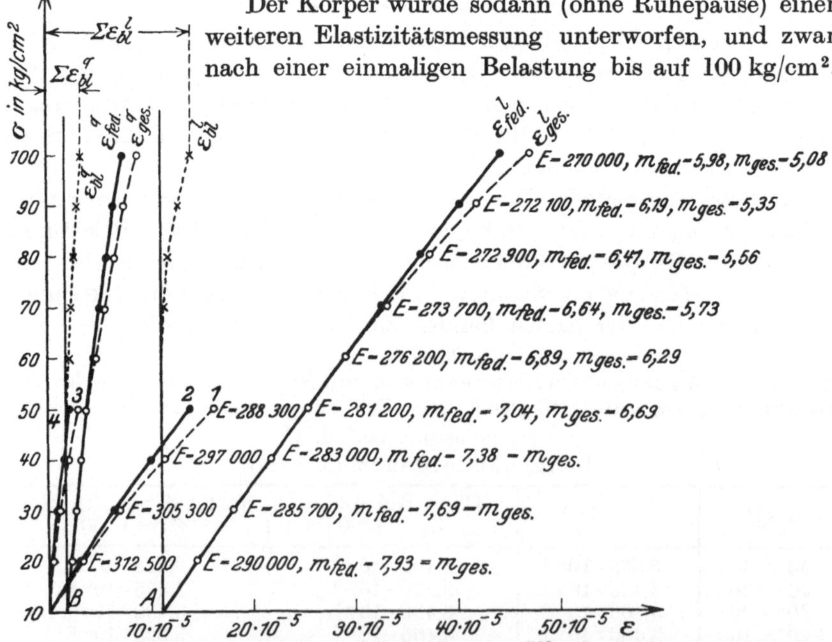

Abb. 39. Elastisches Verhalten des Versuchskörpers P_1^{XII} nach der 1. Belastungsperiode
($\sigma_u \div \sigma_o = 10 \div 50\,\mathrm{kg/cm^2}$, Zahl der Lastwiederholungen $= 6000$).

(1) gesamte Längenänderung, (2) federnde Längenänderung, (3) gesamte Querdehnung, (4) federnde Querdehnung vor den Lastwiederholungen. A und B sind die neuen Koordinatenanfangspunkte für die Längenänderung bzw. Querdehnung nach der 1. Belastungsperiode.

Die Ergebnisse sind in Abb. 39 graphisch dargestellt. Es ist zu bemerken, daß die bleibenden Formänderungen sowohl in der Längsrichtung als auch in der Querrichtung nach der Lastwiederholung verkleinert werden, und zwar so, daß man die Formänderung im Bereich $\sigma_u \div \sigma_o = 10 \div 50$ kg/cm² praktisch als eine rein elastische bezeichnen kann.

2. Belastungsperiode. Der Körper wurde nach der vorhergehenden Elastizitätsmessung 15 Stunden lang dauernd ruhender Belastung (Vorspannung $\sigma = 10$ kg/cm²) unterworfen. Der Körper wurde dann weiter häufig wiederholt belastet und zwar im Bereich $\sigma_u \div \sigma_o = 10 \div 100$ kg/cm². Die Belastungsgeschwindigkeit betrug dabei 100 Hübe pro Minute. Während der Ruhepause wurde der Körper immer auf $\sigma = 10$ kg/cm² belastet. Der ganze Formänderungsvorgang im Zusammenhang mit der Zahl der Lastwiederholungen und Ruhepausen ist in der folgenden Zahlentafel zusammengestellt:

Zahlentafel 17. Federnde Längenänderungen in 10^{-5}

σ in kg/cm²	n. 15 St. R.P. $Z_1 = 4000$	ohne R.P. $Z_2 = 24000$	ohne R.P. $Z_3 = 42000$	n. 45 St. R.P. $Z_4 = 78000$	n. 14 St. R.P. $Z_5 = 135500$	n. 14 St. R.P. $Z_6 = 193500$	n. 40 St. R.P. $Z_7 = 235400$	n. 13 St. R.P. $Z_8 = 296400$
$100 \div 90$	4,700	4,550	3,875	4,150	4,100	3,900	3,850	4,425
$90 \div 80$	4,100	3,975	4,250	4,075	4,075	3,775	4,050	3,925
$80 \div 70$	3,950	3,875	3,975	3,875	3,825	3,925	3,950	3,675
$70 \div 60$	3,800	3,850	3,750	3,650	3,600	3,650	3,950	3,800
$60 \div 50$	3,700	3,750	3,625	3,600	3,575	3,625	3,575	3,800
$50 \div 40$	3,600	3,700	3,575	3,575	3,575	3,675	3,575	3,450
$40 \div 30$	3,650	3,600	3,700	3,525	3,575	3,650	3,450	3,450
$30 \div 20$	3,500	3,525	3,500	3,525	3,575	3,550	3,600	3,575
$20 \div 10$	3,400	3,475	3,500	3,525	3,550	3,550	3,650	3,575
$\sum \varepsilon_{fed}$	34,400	34,300	33,750	33,500	33,450	33,300	33,650	33,675
ε_{bl}	1,775	0,850	0,700	0,525	0,500	0,400	0,300	0,200
$\sum \varepsilon_{bl}$	17,925	19,425	20,225	22,375	23,300	24,100	24,950	25,800

Federnde Querdehnungen in 10^{-5}

σ in kg/cm²	Z_1	Z_2	Z_3	Z_4	Z_5	Z_6	Z_7	Z_8
$100 \div 90$	0,815	0,815	0,825	0,800	0,780	0,740	0,710	0,750
$90 \div 80$	0,810	0,810	0,800	0,780	0,750	0,710	0,720	0,740
$80 \div 70$	0,720	0,690	0,700	0,690	0,690	0,675	0,670	0,660
$70 \div 60$	0,680	0,625	0,680	0,650	0,640	0,665	0,635	0,650
$60 \div 50$	0,625	0,600	0,600	0,600	0,600	0,600	0,615	0,625
$50 \div 40$	0,660	0,600	0,605	0,580	0,600	0,580	0,580	0,565
$40 \div 30$	0,565	0,560	0,565	0,540	0,540	0,550	0,545	0,550
$30 \div 20$	0,540	0,565	0,550	0,500	0,500	0,515	0,505	0,530
$20 \div 10$	0,460	0,485	0,500	0,460	0,460	0,465	0,470	0,480
$\sum \varepsilon_{fed}$	5,875	5,750	5,825	5,600	5,560	5,500	5,450	5,550
ε_{bl}	1,000	0,800	0,600	0,500	0,425	0,350	0,300	0,200
$\sum \varepsilon_{bl}$	3,560	3,860	4,460	4,960	5,385	5,735	6,035	6,235

NB. Mit ε_{bl} seien diejenigen bleibenden Formänderungen bezeichnet, welche bei den jeweiligen Elastizitätsmessungen auftreten. In $\Sigma\varepsilon_{bl}$ seien die sämtlichen bleibenden Formänderungen (vorhandene bleibende Änderungen durch vorhergegangene Belastungen, Fortschreiten der bleibenden Änderungen während den jeweiligen fortlaufenden Belastungen, elastische Nachwirkungen während der Ruhepausen).

Die den Längen- und Queränderungen entsprechenden Querdehnungszahlen m_{fed} sind in der folgenden Tafel zusammengestellt:

Querdehnungszahlen m_{fed}

σ in kg/cm²	Z_1	Z_2	Z_3	Z_4	Z_5	Z_6	Z_7	Z_8
10— 20	7,36	7,13	7,00	7,66	7,72	7,63	7,55	7,45
10— 30	6,90	6,67	6,67	7,34	7,42	7,24	7,31	7,06
10— 40	6,74	6,57	6,62	7,05	7,13	7,03	7,04	6,79
10— 50	6,38	6,46	6,43	6,80	6,80	6,83	6,80	6,61
10— 60	6,26	6,42	6,35	6,62	6,61	6,66	6,57	6,49
10— 70	6,13	6,37	6,18	6,42	6,42	6,43	6,40	6,37
10— 80	6,02	6,25	6,10	6,29	6,27	6,33	6,29	6,23
10— 90	5,87	6,02	5,97	6,11	6,14	6,11	6,19	6,09
10—100	5,85	5,96	5,89	6,00	6,02	6,05	6,14	6,07

Federnde Längenänderungen ε^l_{fed} in 10^{-5}

σ in kg/cm²	n. 14 St. R. P. $Z_9 = 321\,400$	n. 44 St. R. P. $Z_{10} = 370\,000$	n. 13 St. R. P. $Z_{11} = 435\,400$	n. 13 St. R. P. $Z_{12} = 480\,000$	ohne R. P. $Z_{13} = 490\,000$
100 ÷ 90	4,475	4,420	4,360	4,260	4,250
90 ÷ 80	3,980	3,960	3,940	3,930	3,925
80 ÷ 70	3,710	3,730	3,750	3,750	3,755
70 ÷ 60	3,810	3,810	3,810	3,820	3,820
60 ÷ 50	3,800	3,800	3,800	3,800	3,800
50 ÷ 40	3,470	3,500	3,535	3,590	3,590
40 ÷ 30	3,495	3,510	3,545	3,600	3,605
30 ÷ 20	3,595	3,620	3,645	3,680	3,685
20 ÷ 10	3,600	3,620	3,645	3,690	3,700
$\Sigma\varepsilon_{fed}$	33,925	33,970	34,030	34,120	34,130
$\Sigma\varepsilon_{bl}$	26,525	27,400	28,450	30,125	30,325

σ in kg/cm²	n. 15 St. R. P. $Z_{14} = 556\,500$	n. 15 St. R. P. $Z_{15} = 602\,000$	n. 12 St. R. P. $Z_{16} = 638\,000$	n. 14 St. R. P. $Z_{17} = 700\,000$	n. 14 St. R. P. $Z_{18} = 761\,000$
100 ÷ 90	4,220	4,205	4,130	4,100	4,035
90 ÷ 80	3,925	3,920	3,900	3,900	3,885
80 ÷ 70	3,755	3,760	3,770	3,775	3,785
70 ÷ 60	3,820	3,820	3,830	3,825	3,830
60 ÷ 50	3,800	3,800	3,800	3,800	3,800
50 ÷ 40	3,610	3,615	3,655	3,670	3,705
40 ÷ 30	3,625	3,635	3,680	3,695	3,735
30 ÷ 20	3,695	3,675	3,730	3,730	3,780
20 ÷ 10	3,710	3,740	3,755	3,775	3,780
$\Sigma\varepsilon_{fed}$	34,160	34,170	34,250	34,270	34,335
$\Sigma\varepsilon_{bl}$	30,825	31,050	32,450	32,850	34,000

Da die jeweiligen Querdehnungskurven sehr dicht beieinander lagen, sollen nur die Mittelwerte angegeben werden.

Federnde Querdehnungen ε^q_{fed} in 10^{-5}.

σ in kg/cm²	Mittelwerte von federnden Querdehnungen für Z_9 bis Z_{18}
$100 \div 90$	0,775
$90 \div 80$	0,770
$80 \div 70$	0,690
$70 \div 60$	0,650
$60 \div 50$	0,585
$50 \div 40$	0,570
$40 \div 30$	0,530
$30 \div 20$	0,525
$20 \div 10$	0,475
$\sum \varepsilon^q_{fed}$	5,500

Querdehnungszahlen m_{fed} für Z_9 bis Z_{18}.

σ in kg/cm²	Z_9	Z_{10}	Z_{11}	Z_{12}	Z_{13}	Z_{14}	Z_{15}	Z_{16}	Z_{17}	Z_{18}
10— 20	7,58	7,62	7,67	7,77	7,79	7,81	7,87	7,91	7,95	7,96
10— 30	7,19	7,24	7,29	7,37	7,38	7,40	7,41	7,48	7,50	7,56
10— 40	6,97	7,02	7,08	7,16	7,18	7,20	7,22	7,29	7,31	7,38
10— 50	6,74	6,78	6,84	6,93	6,94	6,97	6,98	7,06	7,08	7,14
10— 60	6,67	6,72	6,76	6,83	6,84	6,86	6,87	6,93	6,95	6,99
10— 70	6,52	6,55	6,59	6,64	6,65	6,67	6,68	6,73	6,74	6,78
10— 80	6,33	6,36	6,39	6,44	6,45	6,46	6,44	6,51	6,53	6,56
10— 90	6,23	6,25	6,28	6,32	6,32	6,34	6,34	6,37	6,38	6,41
10—100	6,17	6,18	6,19	6,20	6,21	6,21	6,21	6,23	6,23	6,24

σ in kg/cm²	Federnde Längenänderung ε^l_{fed} in 10^{-5}		Federnde Querdehnung ε^q_{fed} in 10^{-5}	
	n. 17 St. R. P. $Z_{19} = 808\,000$	n. 14 St. R. P. $Z_{20} = 857\,000$	$Z_{19} = 808\,000$	$Z_{20} = 857\,000$
$100 \div 90$	3,750	3,900	0,780	0,670
$90 \div 80$	3,825	3,900	0,750	0,695
$80 \div 70$	3,825	3,700	0,695	0,670
$70 \div 60$	3,850	3,875	0,615	0,625
$60 \div 50$	3,800	3,975	0,470	0,550
$50 \div 40$	3,850	3,850	0,460	0,575
$40 \div 30$	3,900	3,700	0,480	0,500
$30 \div 20$	3,900	3,900	0,460	0,460
$20 \div 10$	3,900	3,900	0,440	0,440
$\sum \varepsilon_{fed}$	34,600	35,100	5,350	5,185
$\sum \varepsilon_{bl}$	38,900	42,150		

Querdehnungszahlen.

σ in kg/cm²	$Z_{19} = 808\,000$	$Z_{20} = 857\,000$
10— 20	8,86	8,86
10— 30	8,67	8,67
10— 40	8,48	8,22
10— 50	8,01	8,00
10— 60	7,71	7,81
10— 70	7,42	7,49
10— 80	7,07	7,15
10— 90	6,75	6,91
10—100	6,46	6,77

3. Belastungsperiode. Nach der 14 stündigen Ruhepause, während welcher der Körper mit $\sigma = 10$ kg/cm² belastet war, wurde der Körper weiter belastet zwischen $\sigma_u \div \sigma_o = 10 \div 125$ kg/cm². Nach 25 300 maligen

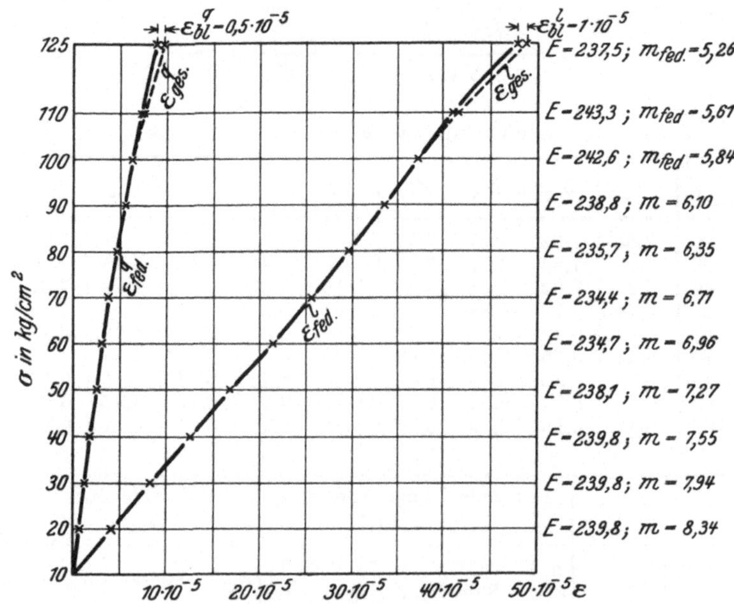

Abb. 40. Das elastische Verhalten des Körpers P_1^{XII} nach den Lastwiederholungen: 6000 ($\sigma_u \div \sigma_o = 10 \div 50$ kg/cm²),   857000 ($\sigma_u \div \sigma_o = 10 \div 100$ kg/cm²), 25 300 ($\sigma_u \div \sigma_o = 10 \div 125$ kg/cm².

Lastwiederholungen wurden Elastizitätsmessungen vorgenommen. Die Ergebnisse sind graphisch dargestellt (vgl. Abb. 40).

Die ganzen Vorgänge der Formänderungen während der Versuche bei P_1^{XII} sind in Abb. 41a, 41b und 41c dargestellt.

Die Versuchsergebnisse lassen eine Reihe wesentlicher Merkmale erkennen:

1. Die Vorgänge im Spannungs-Formänderungsdiagramm werden durch häufige Lastwiederholung umkehrbar. Die σ-ε-Kurve verläuft

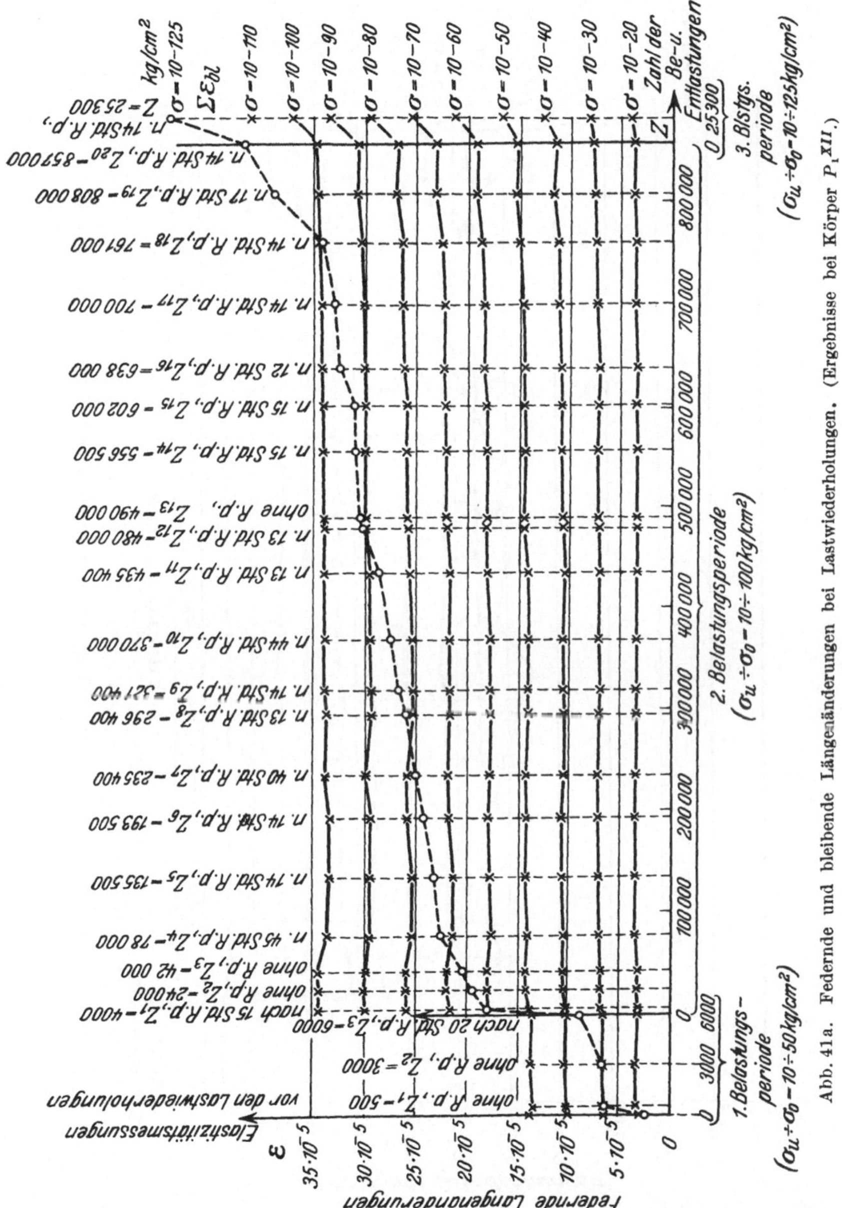

Abb. 41a. Federnde und bleibende Längenänderungen bei Lastwiederholungen. (Ergebnisse bei Körper P_1^{XII}.)

ursprünglich (vor der Lastwiederholung) nach oben konvex. Mit dem Fortschreiten der Lastwiederholung beginnt die σ-ε-Kurve sich geradlinig zu strecken (die σ-ε-Kurve folgt tatsächlich dem Hookeschen Gesetz). Mit weiterem Fortschreiten neigt sich die σ-ε-Kurve konkav

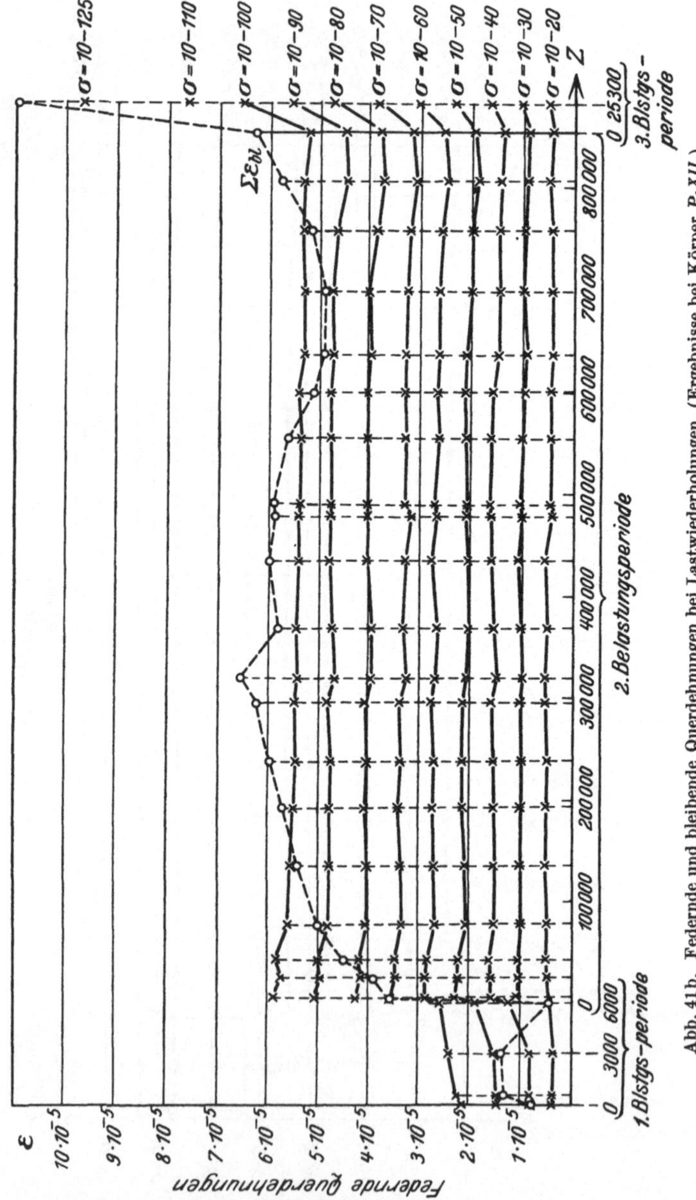

Abb. 41b. Federnde und bleibende Querdehnungen bei Lastwiederholungen. (Ergebnisse bei Körper $P_1 XII$.)

nach oben, d. h. der Körper wird bei niedrigen Spannungen größere Formänderungen erleiden, was Mehmel als Ermüdungserscheinung bezeichnet hat. Diese Veränderung kann man auch hier wahrnehmen, jedoch nicht so stark, wie es Mehmel gefunden hat. Dieser Unterschied könnte vielleicht darauf zurückgeführt werden, daß zwischen die Belastungen bei den vorliegenden Versuchen verhältnismäßig lange Ruhepausen eingeschaltet wurden und dadurch der Versuchskörper sich mehrfach erholen konnte, ehe er Ermüdungserscheinungen unterlag (vgl. Abb. 40, wo die federnden Änderungen aufgetragen sind).

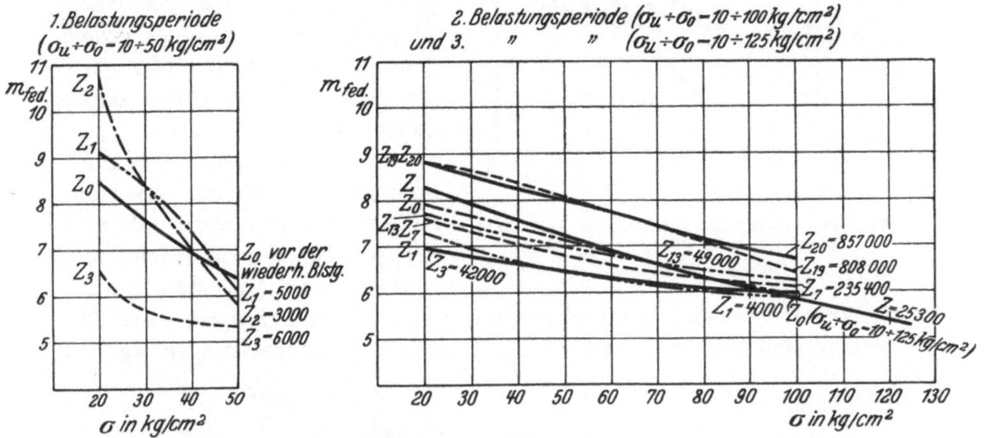

Abb. 41c. Die Querdehnungszahl des Körpers $P_1{}^{XII}$ unter den wiederholten Belastungen.

Im Gegensatz zu den Längenänderungen kann man bei Querdehnungen keine derartige Änderung der σ-$_q\varepsilon$-Kurve (σ ist auf Normalspannungen bezogen) wahrnehmen; es ist nur eine schwache Tendenz zum Strecken vorhanden (vgl. Abb. 40).

2. Die in 1. erwähnte Umkehrerscheinung in der Variation der Spannungs-Dehnungskurve bezüglich der federnden Längenänderungen tritt nur im Spannungsbereich auf, dessen höchste Spannung unter der oberen Spannung σ_0 liegt. Beim weiteren Fortschreiten auf Werte höher als σ_0 der vorhergegangenen wiederholten Belastungen herrschen wieder die gewöhnlichen Verhältnisse bei der Spannungs-Dehnungskurve

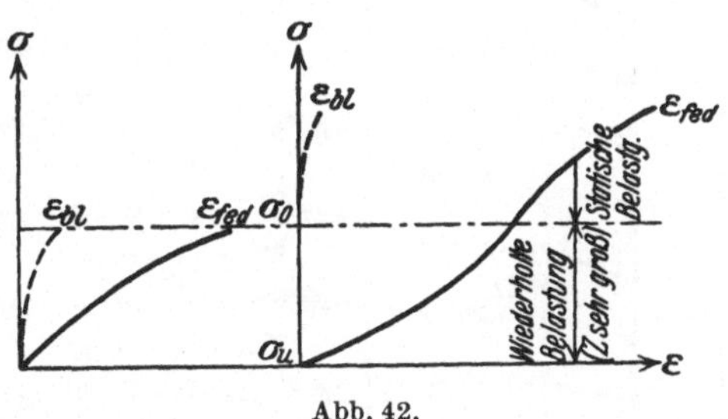

Abb. 42.

(vgl. Hysteresisgesetz von jungfräulichen Formänderungen, S. 25, vgl. Abb. 5a und 5b).

3. Die bleibende Änderung besteht nunmehr aus folgenden Teilen:

α) Bleibende Änderung, die durch vorhergegangene Belastungen aufgetreten ist.

β) Bleibende Änderung, die während der jeweiligen Lastwiederholung auftritt.

γ) Bleibende Änderung, die bei der jeweiligen Elastizitätsmessung auftritt.

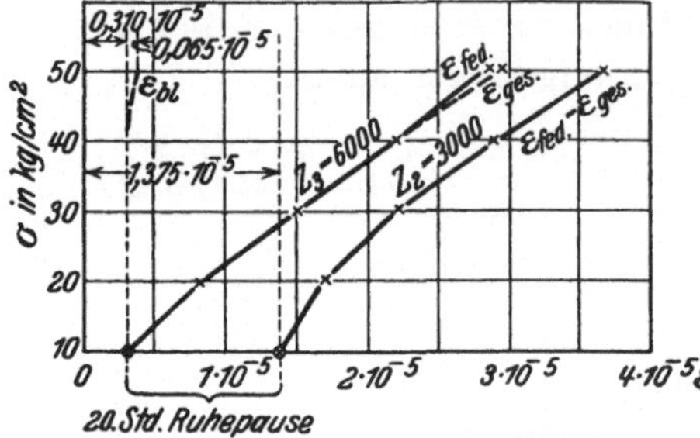

Abb. 43. Elastische Nachwirkung bei Querdehnungen während der Ruhepause.

δ) Dazu wirkt noch elastische Nachwirkung während der Ruhepause. Diese elastische Nachwirkung wirkt bei der Querdehnung sehr merkwürdig, worauf später noch näher einzugehen ist.

Im Laufe der Lastwiederholungen nimmt die ursprüngliche bleibende Längenänderung, bezogen auf den ursprünglichen Zustand, also $\sum \varepsilon_{bl}$ ständig zu.

Die bleibenden Längenänderungen und Querdehnungen (Art. 3γ), welche sich bei den jeweiligen Elastizitäts-Zwischenmessungen ergeben,

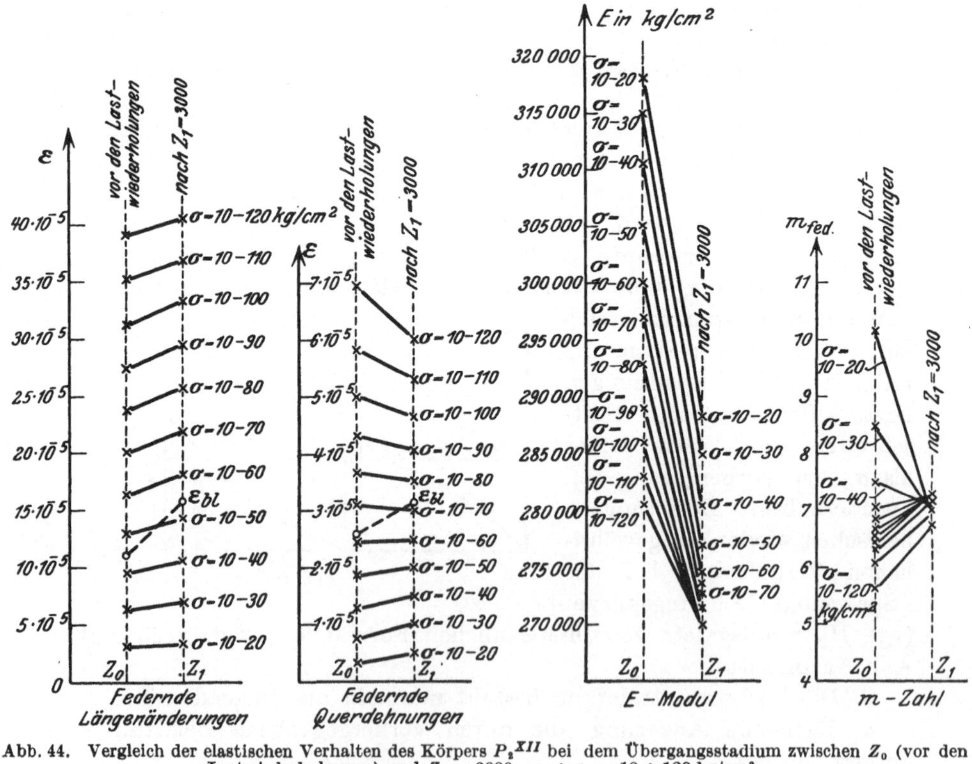

Abb. 44. Vergleich der elastischen Verhalten des Körpers $P_3{}^{XII}$ bei dem Übergangsstadium zwischen Z_0 (vor den Lastwiederholungen) und $Z_1 = 3000$; $\sigma_u \div \sigma_0 = 10 \div 120$ kg/cm².

nehmen mit fortschreitenden Lastwiederholungen ab, bis sie verschwindend klein werden. Es ist aber möglich, daß diese Erscheinung, nament-

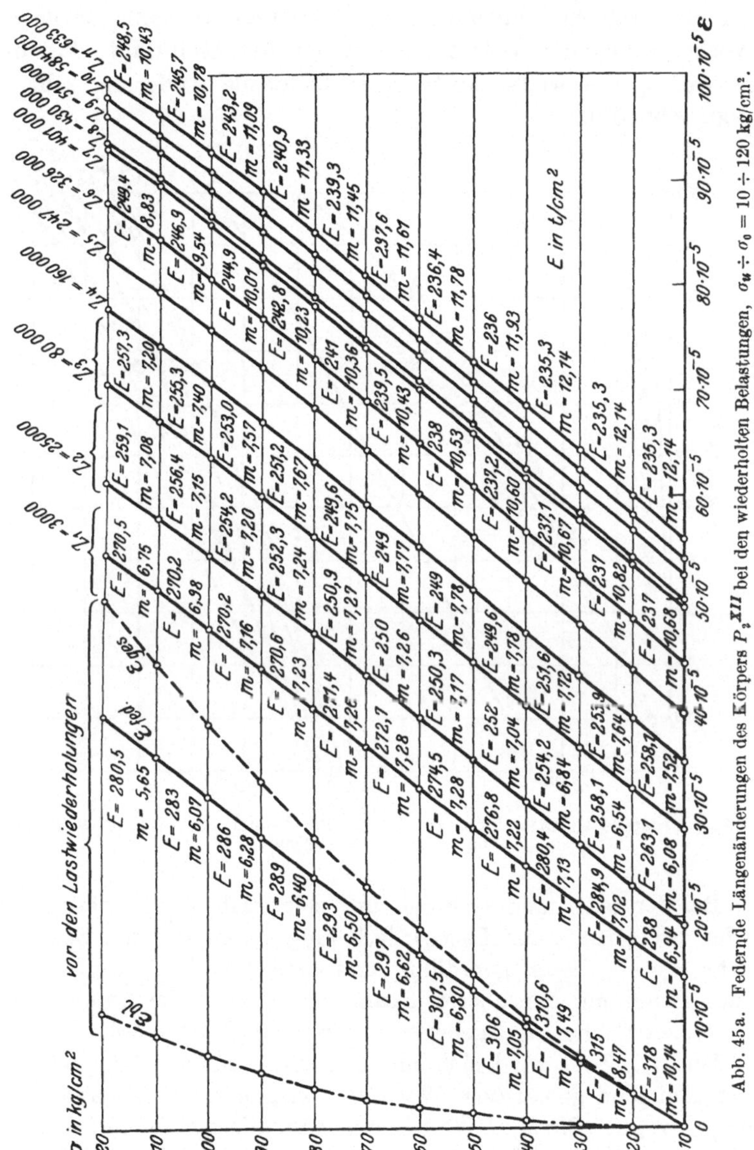

Abb. 45a. Federnde Längenänderungen des Körpers P_2^{XII} bei den wiederholten Belastungen, $\sigma_w \div \sigma_0 = 10 \div 120$ kg/cm².

lich bei der Querdehnung, durch elastische Nachwirkungen gestört wird. Allgemein gesprochen, nimmt die Formänderung des Körpers mit dem Fortschreiten der Lastwiederholung mehr rein elastischen Charakter an.

Wenn der Körper oberhalb der Spannung σ_0 belastet wird, treten wieder bleibende Änderungen (Art. 3γ) auf (vgl. Abb. 42), jedoch durch die vorhergegangenen Belastungen in der Art beeinflußt, daß in der Nähe von σ_0 die weiter auftretende bleibende Änderung sehr klein ist (vgl. Abb. 40).

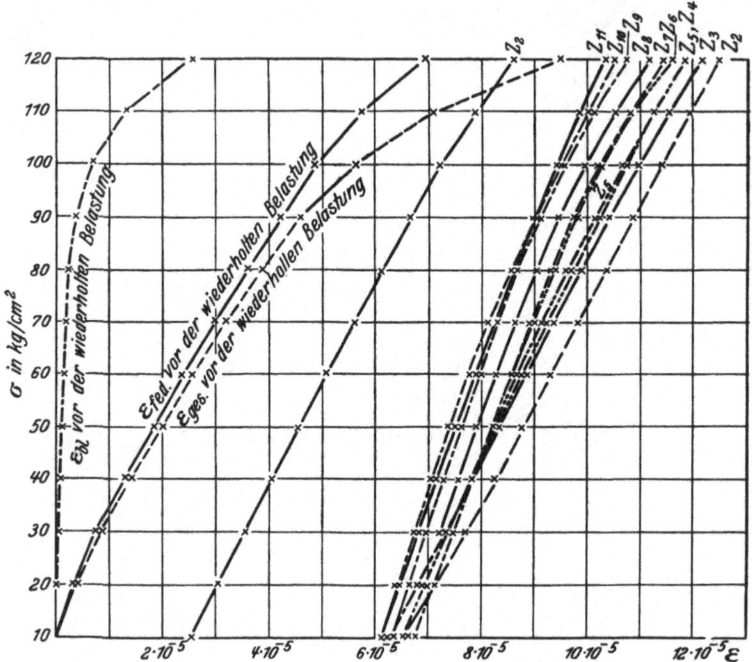

Abb. 45b. Federnde Querdehnungen des Körpers $P_3{}^{XII}$ unter den wiederholten Belastungen. $\sigma_u \div \sigma_0 = 10 \div 120$ kg/cm².

4. Bei der federnden Querdehnung zeigt sich die Tendenz, daß sie mit der Steigerung der Lastwiederholung innerhalb des Spannungsbereichs $\sigma_u \div \sigma_0$ mehr geradlinig und steiler verläuft (vgl. Abb. 39). Mit der Erhöhung der oberen Spannung σ_0 kann die Querdehnungskurve wieder flacher und gebogener werden (vgl. Abb. 40).

5. Die m_{ges}-Zahl wird sich mit dem Fortschreiten der Lastwiederholung genügend genau dem Werte von m_{fed} nähern und zwar im Bereich $\sigma_u \leqq \sigma \leqq \sigma_0$. Die m_{fed}-Werte nehmen im allgemeinen mit zunehmenden Spannungen ab, wie es bei statischer Belastung der Fall ist. Nur die Tendenz (konkav oder konvex) ist verschieden.

Die Schwankungen der m_{fed}-Werte mit der Steigerung der Lastwiederholung sind hauptsächlich auf die Veränderlichkeit der Querdehnungskurven zurückzuführen, da Längenänderungen während der ganzen Versuche wenig veränderlich sind (vgl. Abb. 41a und 41b). Eine merkwürdige

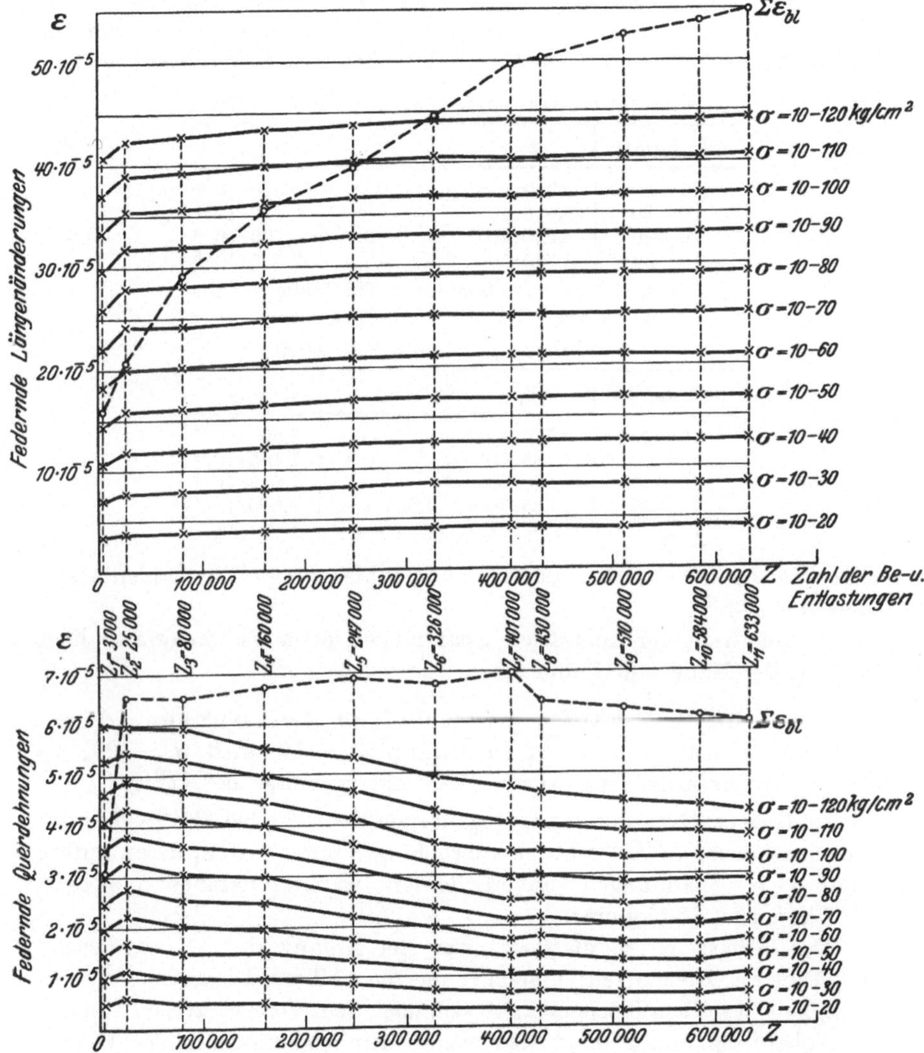

Abb. 46a und b. Versuchsergebnisse bei Körper P_2^{XII}, welcher den wiederholten Belastungen, $\sigma_u \div \sigma^0 = 10 \div 120$ kg/cm², bis auf $Z = 633000$ unterworfen war. — Ruhepausen (während der Ruhepausen wurde der Körper einer ruhenden Belastung, $\sigma = 10$ kg/cm², unterworfen).

nach Z_1 ... keine Ruhepause		nach Z_6 ... 13 Std. Ruhepause	
,, Z_2 ... 14 Std. ,,		,, Z_7 ... 14 ,, ,,	
,, Z_3 ... 12 ,, ,,		,, Z_8 ... 14 ,, ,,	
,, Z_4 ... 13 ,, ,,		,, Z_9 ... 12 ,, ,,	
,, Z_5 ... 37 ,, ,,		,, Z_{10} ... 14 ,, ,,	

Schwankung der m_{fed}-Werte kann auftreten, wenn die Querdehnungen durch elastische Nachwirkungen beeinflußt und stark veränderlich gemacht werden. Bei solchem Fall kann die bleibende Dehnung nach Art. 3γ (welche in der Elastizitäts-Zwischenmessung auftritt) nach der Steigerung der Lastwiederholung wieder zunehmen. Als Beispiel seien die Ergebnisse der Elastizitäts-Zwischenmessungen für Querdehnungen nach $Z_2 = 3000$ und $Z_3 = 6000$ bei P_1^{XII} wiedergegeben:

Zahlentafel 18. Querdehnungen nach $Z_2 = 3000$.

σ in kg/cm²	ε_{ges}	ε_{bl}	ε_{fed}
10—20	$0,310 \cdot 10^{-5}$	—	$0,310 \cdot 10^{-5}$
10—30	$0,810 \cdot 10^{-5}$	—	$0,810 \cdot 10^{-5}$
10—40	$1,500 \cdot 10^{-5}$	—	$1,500 \cdot 10^{-5}$
10—50	$2,375 \cdot 10^{-5}$	—	$2,375 \cdot 10^{-5}$

$\sum \varepsilon_{bl} = 1,375 \cdot 10^{-5}$ (während der 20stündigen Ruhepause auf $0,310 \cdot 10^{-5}$ zurückgegangen).

Querdehnungen nach $Z_3 = 6000$.

σ in kg/cm²	ε_{ges}	ε_{bl}	ε_{fed}
10—20	$0,500 \cdot 10^{-5}$	—	$0,500 \cdot 10^{-5}$
10—30	$1,185 \cdot 10^{-5}$	—	$1,185 \cdot 10^{-5}$
10—40	$1,875 \cdot 10^{-5}$	—	$1,875 \cdot 10^{-5}$
10—50	$2,625 \cdot 10^{-5}$	$0,065 \cdot 10^{-5}$	$2,560 \cdot 10^{-5}$

$\sum \varepsilon_{bl} = 0,310 \cdot 10^{-5} + 0,065 \cdot 10^{-5} = 0,375 \cdot 10^{-5}$.

Für die entsprechenden Querdehnungszahlen vergleiche Zahlentafel 8 und Abb. 43.

6. Innerhalb der zulässigen Spannungen etwa $\sigma < 50$ kg/cm² liegt m_{fed} in der Nähe von 7 und 8.

b) Versuche mit häufig wiederholten Belastungen, deren untere und obere Spannungen, $\sigma_u = 10$ und $\sigma_o = 120$, unveränderlich sind. (Versuchsergebnisse bei P_2^{XII}.)

Im Gegensatz zu den vorhergegangenen Versuche bei P_1^{XII} wurde der Versuchskörper P_2^{XII} den Lastwiederholungen unterworfen, deren untere und obere Spannungen unveränderlich waren, nämlich $\sigma_u \div \sigma_o = {} = 10 \,\mathrm{kg/cm^2} \div 120 \,\mathrm{kg/cm^2}$.

Der Körper (1 : 6, plastisch) war am Anfang der Dauerversuche 110 Tage alt. Die ganzen Versuche dauerten 16 Tage. Die Prismendruckfestigkeit desselben Körpers ergab sich nach dem Versuch zu 200 kg/cm². Die obere Spannung liegt sehr wahrscheinlich unterhalb der Dauerfestigkeit.

Zuerst wurden Elastizitätsmessungen ausgeführt. Der Körper war aber vorher 15 Stunden lang dauernd mit $\sigma = 10$ kg/cm² belastet.

Veränderlichkeit der Querdehnungszahl m_{fed} **mit wachsenden Belastungszahlen.** Versuchsergebnisse an dem Körper P_2^{XII}, welcher einer wiederholten Belastung, $\sigma_u \div \sigma_o = 10 \div 120$ kg/cm², bis auf $Z = 633000$ unterworfen war.

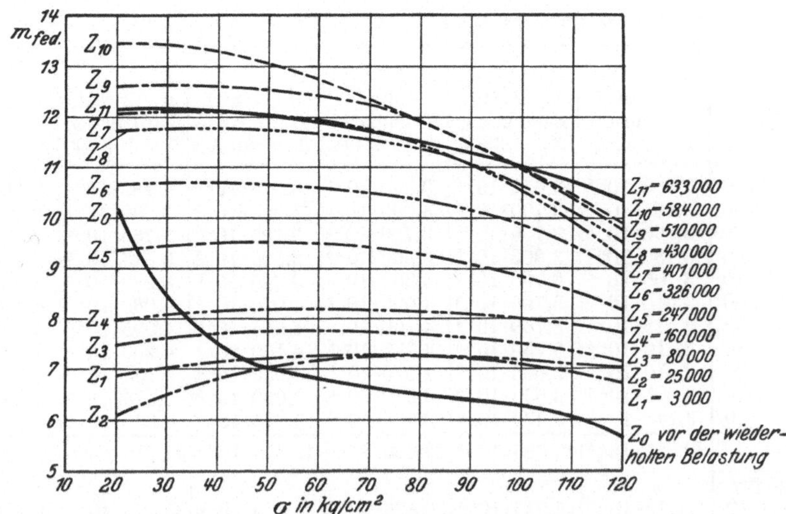

Abb. 47. Abhängigkeit der Zahl m_{fed} von der Spannungsgröße bei Belastungswiederholungen. Ergebnisse bei P_2^{XII}, der einer wiederholten Belastung $\sigma_u \div \sigma_o = 10 \div 120$ kg/cm² bis auf $Z = 633000$ unterworfen war.

Zahlentafel 19.

Elastizitätsmessungen an P_2^{XII} vor den wiederholten Belastungen. Längenänderungen in 10^{-5}.

σ in kg/cm²	ε_{ges}	ε_{bl}	ε_{fed}	E in kg/cm²
10— 20	3,145	—	3,145	318000
10— 30	6,675	0,325	6,350	315000
10— 40	10,325	0,665	9,660	310600
10— 50	14,570	1,500	13,070	306000
10— 60	18,825	2,240	16,585	301500
10— 70	22,900	2,700	20,200	297000
10— 80	27,700	3,800	23,900	293000
10— 90	33,055	5,375	27,680	289000
10—100	38,370	6,900	31,470	286000
10—110	44,200	8,865	35,335	283000
10—120	50,290	11,175	39,215	280500

Querdehnungen in 10^{-5}.

σ in kg/cm²	ε_{ges}	ε_{bl}	ε_{fed}	m_{fed}
10— 20	0,310	—	0,310	10,14
10— 30	0,810	0,060	0,750	8,47
10— 40	1,375	0,085	1,290	7,49
10— 50	2,000	0,145	1,855	7,05
10— 60	2,565	0,150	2,440	6,80
10— 70	3,190	0,185	3,050	6,62
10— 80	3,925	0,250	3,675	6,50
10— 90	4,700	0,375	4,325	6,40
10—100	5,695	0,685	5,010	6,28
10—110	5,625	1,310	5,825	6,07
10—120	9,500	2,560	6,940	5,65

6*

Zahlentafel 20. Bezogene Längen- und Queränderungen von P_2^{XII}

Längen-

σ in kg/cm²	vor der wiederh. Belastung	n. 12 Std. Ruhepause $Z_1 = 3000$	ohne Ruhepause $Z_2 = 25\,000$	n. 14 Std. Ruhepause $Z_3 = 80\,000$	n. 12 Std. Ruhepause $Z_4 = 160\,000$	n. 13 Std. Ruhepause $Z_5 = 247\,000$
120 ÷ 110	$3{,}880\cdot10^{-5}$	$3{,}655\cdot10^{-5}$	$3{,}450\cdot10^{-5}$	$3{,}575\cdot10^{-5}$	$3{,}460\cdot10^{-5}$	$3{,}500\cdot10^{-5}$
110 ÷ 100	$3{,}865\cdot10^{-5}$	$3{,}700\cdot10^{-5}$	$3{,}600\cdot10^{-5}$	$3{,}600\cdot10^{-5}$	$3{,}700\cdot10^{-5}$	$3{,}600\cdot10^{-5}$
100 ÷ 90	$3{,}790\cdot10^{-5}$	$3{,}750\cdot10^{-5}$	$3{,}700\cdot10^{-5}$	$3{,}725\cdot10^{-5}$	$3{,}765\cdot10^{-5}$	$3{,}750\cdot10^{-5}$
90 ÷ 80	$3{,}780\cdot10^{-5}$	$3{,}800\cdot10^{-5}$	$3{,}800\cdot10^{-5}$	$3{,}805\cdot10^{-5}$	$3{,}815\cdot10^{-5}$	$3{,}900\cdot10^{-5}$
80 ÷ 70	$3{,}700\cdot10^{-5}$	$3{,}790\cdot10^{-5}$	$3{,}900\cdot10^{-5}$	$3{,}945\cdot10^{-5}$	$3{,}980\cdot10^{-5}$	$4{,}000\cdot10^{-5}$
70 ÷ 60	$3{,}615\cdot10^{-5}$	$3{,}790\cdot10^{-5}$	$4{,}025\cdot10^{-5}$	$4{,}020\cdot10^{-5}$	$4{,}080\cdot10^{-5}$	$4{,}100\cdot10^{-5}$
60 ÷ 50	$3{,}515\cdot10^{-5}$	$3{,}760\cdot10^{-5}$	$4{,}100\cdot10^{-5}$	$4{,}055\cdot10^{-5}$	$4{,}095\cdot10^{-5}$	$4{,}150\cdot10^{-5}$
50 ÷ 40	$3{,}410\cdot10^{-5}$	$3{,}750\cdot10^{-5}$	$4{,}075\cdot10^{-5}$	$4{,}100\cdot10^{-5}$	$4{,}205\cdot10^{-5}$	$4{,}200\cdot10^{-5}$
40 ÷ 30	$3{,}310\cdot10^{-5}$	$3{,}680\cdot10^{-5}$	$4{,}050\cdot10^{-5}$	$4{,}050\cdot10^{-5}$	$4{,}135\cdot10^{-5}$	$4{,}250\cdot10^{-5}$
30 ÷ 20	$3{,}205\cdot10^{-5}$	$3{,}550\cdot10^{-5}$	$3{,}950\cdot10^{-5}$	$4{,}000\cdot10^{-5}$	$4{,}075\cdot10^{-5}$	$4{,}200\cdot10^{-5}$
20 ÷ 10	$3{,}145\cdot10^{-5}$	$3{,}470\cdot10^{-5}$	$3{,}800\cdot10^{-5}$	$3{,}875\cdot10^{-5}$	$4{,}000\cdot10^{-5}$	$4{,}130\cdot10^{-5}$
$\sum \varepsilon_{fed}$	$39{,}215\cdot10^{-5}$	$40{,}695\cdot10^{-5}$	$42{,}450\cdot10^{-5}$	$42{,}750\cdot10^{-5}$	$43{,}310\cdot10^{-5}$	$43{,}780\cdot10^{-5}$
$\sum \varepsilon_{bl}$ für 120 ÷ 10	$11{,}175\cdot10^{-5}$	$15{,}925\cdot10^{-5}$	$20{,}475\cdot10^{-5}$	$29{,}100\cdot10^{-5}$	$35{,}475\cdot10^{-5}$	$39{,}575\cdot10^{-5}$

Quer-

σ in kg/cm²	vor der wiederh. Belastung	n. 12 Std. Ruhepause $Z_1 = 3000$	ohne Ruhepause $Z_2 = 25\,000$	n. 14 Std. Ruhepause $Z_3 = 80\,000$	n. 12 Std. Ruhepause $Z_4 = 160\,000$	n. 13 Std. Ruhepause $Z_5 = 247\,000$
120 ÷ 110	$1{,}115\cdot10^{-5}$	$0{,}725\cdot10^{-5}$	$0{,}540\cdot10^{-5}$	$0{,}645\cdot10^{-5}$	$0{,}550\cdot10^{-5}$	$0{,}650\cdot10^{-5}$
110 ÷ 100	$0{,}815\cdot10^{-5}$	$0{,}650\cdot10^{-5}$	$0{,}540\cdot10^{-5}$	$0{,}590\cdot10^{-5}$	$0{,}500\cdot10^{-5}$	$0{,}550\cdot10^{-5}$
100 ÷ 90	$0{,}685\cdot10^{-5}$	$0{,}560\cdot10^{-5}$	$0{,}540\cdot10^{-5}$	$0{,}550\cdot10^{-5}$	$0{,}500\cdot10^{-5}$	$0{,}500\cdot10^{-5}$
90 ÷ 80	$0{,}650\cdot10^{-5}$	$0{,}540\cdot10^{-5}$	$0{,}540\cdot10^{-5}$	$0{,}530\cdot10^{-5}$	$0{,}500\cdot10^{-5}$	$0{,}500\cdot10^{-5}$
80 ÷ 70	$0{,}625\cdot10^{-5}$	$0{,}530\cdot10^{-5}$	$0{,}530\cdot10^{-5}$	$0{,}520\cdot10^{-5}$	$0{,}500\cdot10^{-5}$	$0{,}500\cdot10^{-5}$
70 ÷ 60	$0{,}610\cdot10^{-5}$	$0{,}520\cdot10^{-5}$	$0{,}520\cdot10^{-5}$	$0{,}520\cdot10^{-5}$	$0{,}500\cdot10^{-5}$	$0{,}440\cdot10^{-5}$
60 ÷ 50	$0{,}585\cdot10^{-5}$	$0{,}500\cdot10^{-5}$	$0{,}530\cdot10^{-5}$	$0{,}520\cdot10^{-5}$	$0{,}500\cdot10^{-5}$	$0{,}440\cdot10^{-5}$
50 ÷ 40	$0{,}565\cdot10^{-5}$	$0{,}500\cdot10^{-5}$	$0{,}530\cdot10^{-5}$	$0\,515\cdot10^{-5}$	$0{,}500\cdot10^{-5}$	$0{,}440\cdot10^{-5}$
40 ÷ 30	$0{,}540\cdot10^{-5}$	$0{,}500\cdot10^{-5}$	$0{,}540\cdot10^{-5}$	$0{,}515\cdot10^{-5}$	$0{,}500\cdot10^{-5}$	$0{,}440\cdot10^{-5}$
30 ÷ 20	$0{,}440\cdot10^{-5}$	$0{,}500\cdot10^{-5}$	$0{,}560\cdot10^{-5}$	$0{,}515\cdot10^{-5}$	$0{,}500\cdot10^{-5}$	$0{,}440\cdot10^{-5}$
20 ÷ 10	$0{,}310\cdot10^{-5}$	$0{,}500\cdot10^{-5}$	$0{,}625\cdot10^{-5}$	$0{,}515\cdot10^{-5}$	$0{,}500\cdot10^{-5}$	$0{,}440\cdot10^{-5}$
$\sum \varepsilon_{fed}$	$6{,}940\cdot10^{-5}$	$6{,}025\cdot10^{-5}$	$5{,}995\cdot10^{-5}$	$5{,}935\cdot10^{-5}$	$5{,}500\cdot10^{-5}$	$5{,}340\cdot10^{-5}$
$\sum \varepsilon_{bl}$ für 120 ÷ 10	$2{,}560\cdot10^{-5}$	$3{,}125\cdot10^{-5}$	$6{,}560\cdot10^{-5}$	$6{,}560\cdot10^{-5}$	$6{,}750\cdot10^{-5}$	$6{,}935\cdot10^{-5}$

Zahlen-

σ in kg/cm² von — bis	Vor der wiederholt. Belastung	$Z_1 = 3000$	$Z_2 = 25\,000$	$Z_3 = 80\,000$	$Z_4 = 160\,000$	$Z_5 = 247\,000$
10— 20	10,14	6,94	6,08	7,52	8,00	9,39
10— 30	8,47	7,00	6,54	7,64	8,07	9,47
10— 40	7,50	7,13	6,84	7,72	8,12	9,53
10— 50	7,03	7,22	7,04	7,77	8,19	9,53
10— 60	6,84	7,28	7,17	7,77	8,21	9,51
10— 70	6,68	7,28	7,26	7,77	8,18	9,47
10— 80	6,57	7,26	7,27	7,73	8,14	9,20
10— 90	6,44	7,23	7,24	7,66	8,10	9,01
10—100	6,31	7,16	7,20	7,55	8,06	8,84
10—110	6,07	6,98	7,15	7,40	8,05	8,59
10—120	5,64	6,75	7,08	7,20	8,05	8,20
Mittelwerte	7,06	7,11	6,99	7,61	8,11	9,16

bei Lastwiederholungen zwischen $\sigma_u \div \sigma_o = 10\ \text{kg/cm}^2 \div 120\ \text{kg/cm}^2$.

änderungen

σ in kg/cm²	n. 37 Std. Ruhepause $Z_6 = 326\,000$	n. 13 Std. Ruhepause $Z_7 = 401\,000$	n. 14 Std. Ruhepause $Z_8 = 430\,000$	n. 14 Std. Ruhepause $Z_9 = 510\,000$	n. 12 Std. Ruhepause $Z_{10} = 584\,000$	n. 14 Std. Ruhepause $Z_{11} = 633\,000$
$120 \div 110$	$3{,}600 \cdot 10^{-5}$	$3{,}700 \cdot 10^{-5}$	$3{,}700 \cdot 10^{-5}$	$3{,}600 \cdot 10^{-5}$	$3{,}600 \cdot 10^{-5}$	$3{,}550 \cdot 10^{-5}$
$110 \div 100$	$3{,}750 \cdot 10^{-5}$	$3{,}750 \cdot 10^{-5}$	$3{,}700 \cdot 10^{-5}$	$3{,}700 \cdot 10^{-5}$	$3{,}700 \cdot 10^{-5}$	$3{,}700 \cdot 10^{-5}$
$100 \div 90$	$3{,}800 \cdot 10^{-5}$	$3{,}900 \cdot 10^{-5}$	$3{,}800 \cdot 10^{-5}$	$3{,}900 \cdot 10^{-5}$	$3{,}850 \cdot 10^{-5}$	$3{,}750 \cdot 10^{-5}$
$90 \div 80$	$3{,}900 \cdot 10^{-5}$	$3{,}900 \cdot 10^{-5}$	$3{,}900 \cdot 10^{-5}$	$3{,}900 \cdot 10^{-5}$	$3{,}900 \cdot 10^{-5}$	$4{,}000 \cdot 10^{-5}$
$80 \div 70$	$4{,}000 \cdot 10^{-5}$	$4{,}000 \cdot 10^{-5}$	$4{,}000 \cdot 10^{-5}$	$3{,}950 \cdot 10^{-5}$	$3{,}950 \cdot 10^{-5}$	$4{,}000 \cdot 10^{-5}$
$70 \div 60$	$4{,}040 \cdot 10^{-5}$	$4{,}000 \cdot 10^{-5}$	$4{,}050 \cdot 10^{-5}$	$4{,}100 \cdot 10^{-5}$	$4{,}100 \cdot 10^{-5}$	$4{,}100 \cdot 10^{-5}$
$60 \div 50$	$4{,}150 \cdot 10^{-5}$	$4{,}150 \cdot 10^{-5}$	$4{,}150 \cdot 10^{-5}$	$4{,}150 \cdot 10^{-5}$	$4{,}185 \cdot 10^{-5}$	$4{,}200 \cdot 10^{-5}$
$50 \div 40$	$4{,}210 \cdot 10^{-5}$	$4{,}200 \cdot 10^{-5}$	$4{,}200 \cdot 10^{-5}$	$4{,}200 \cdot 10^{-5}$	$4{,}205 \cdot 10^{-5}$	$4{,}200 \cdot 10^{-5}$
$40 \div 30$	$4{,}210 \cdot 10^{-5}$	$4{,}200 \cdot 10^{-5}$	$4{,}200 \cdot 10^{-5}$	$4{,}200 \cdot 10^{-5}$	$4{,}230 \cdot 10^{-5}$	$4{,}500 \cdot 10^{-5}$
$30 \div 20$	$4{,}220 \cdot 10^{-5}$	$4{,}215 \cdot 10^{-5}$	$4{,}200 \cdot 10^{-5}$	$4{,}200 \cdot 10^{-5}$	$4{,}230 \cdot 10^{-5}$	$4{,}250 \cdot 10^{-5}$
$20 \div 10$	$4{,}220 \cdot 10^{-5}$	$4{,}235 \cdot 10^{-5}$	$4{,}250 \cdot 10^{-5}$	$4{,}250 \cdot 10^{-5}$	$4{,}250 \cdot 10^{-5}$	$4{,}250 \cdot 10^{-5}$
$\sum \varepsilon_{fed}$	$44{,}100 \cdot 10^{-5}$	$44{,}150 \cdot 10^{-5}$	$44{,}150 \cdot 10^{-5}$	$44{,}150 \cdot 10^{-5}$	$44{,}200 \cdot 10^{-5}$	$44{,}250 \cdot 10^{-5}$
$\sum \varepsilon_{bl}$ für $120 \div 10$	$44{,}675 \cdot 10^{-5}$	$49{,}700 \cdot 10^{-5}$	$50{,}025 \cdot 10^{-5}$	$52{,}450 \cdot 10^{-5}$	$53{,}700 \cdot 10^{-5}$	$54{,}900 \cdot 10^{-5}$

dehnungen.

σ in kg/cm²	$Z_6 = 326\,000$	$Z_7 = 401\,000$	$Z_8 = 430\,000$	$Z_9 = 510\,000$	$Z_{10} = 584\,000$	$Z_{11} = 633\,000$
$120 \div 100$	$0{,}750 \cdot 10^{-5}$	$0{,}700 \cdot 10^{-5}$	$0{,}625 \cdot 10^{-5}$	$0{,}600 \cdot 10^{-5}$	$0{,}500 \cdot 10^{-5}$	$0{,}475 \cdot 10^{-5}$
$110 \div 100$	$0{,}575 \cdot 10^{-5}$	$0{,}575 \cdot 10^{-5}$	$0{,}525 \cdot 10^{-5}$	$0{,}550 \cdot 10^{-5}$	$0{,}485 \cdot 10^{-5}$	$0{,}430 \cdot 10^{-5}$
$100 \div 90$	$0{,}450 \cdot 10^{-5}$	$0{,}500 \cdot 10^{-5}$	$0{,}475 \cdot 10^{-5}$	$0{,}450 \cdot 10^{-5}$	$0{,}470 \cdot 10^{-5}$	$0{,}400 \cdot 10^{-5}$
$90 \div 80$	$0{,}415 \cdot 10^{-5}$	$0{,}450 \cdot 10^{-5}$	$0{,}450 \cdot 10^{-5}$	$0{,}450 \cdot 10^{-5}$	$0{,}450 \cdot 10^{-5}$	$0{,}380 \cdot 10^{-5}$
$80 \div 70$	$0{,}405 \cdot 10^{-5}$	$0{,}400 \cdot 10^{-5}$	$0{,}380 \cdot 10^{-5}$	$0{,}400 \cdot 10^{-5}$	$0{,}425 \cdot 10^{-5}$	$0{,}380 \cdot 10^{-5}$
$70 \div 60$	$0{,}405 \cdot 10^{-5}$	$0{,}375 \cdot 10^{-5}$	$0{,}360 \cdot 10^{-5}$	$0{,}350 \cdot 10^{-5}$	$0{,}385 \cdot 10^{-5}$	$0{,}380 \cdot 10^{-5}$
$60 \div 50$	$0{,}405 \cdot 10^{-5}$	$0{,}350 \cdot 10^{-5}$	$0{,}360 \cdot 10^{-5}$	$0{,}345 \cdot 10^{-5}$	$0{,}365 \cdot 10^{-5}$	$0{,}375 \cdot 10^{-5}$
$50 \div 40$	$0{,}405 \cdot 10^{-5}$	$0{,}350 \cdot 10^{-5}$	$0{,}360 \cdot 10^{-5}$	$0{,}335 \cdot 10^{-5}$	$0{,}335 \cdot 10^{-5}$	$0{,}370 \cdot 10^{-5}$
$40 \div 30$	$0{,}405 \cdot 10^{-5}$	$0{,}350 \cdot 10^{-5}$	$0{,}360 \cdot 10^{-5}$	$0{,}335 \cdot 10^{-5}$	$0{,}325 \cdot 10^{-5}$	$0{,}350 \cdot 10^{-5}$
$30 \div 20$	$0{,}390 \cdot 10^{-5}$	$0{,}350 \cdot 10^{-5}$	$0{,}360 \cdot 10^{-5}$	$0{,}335 \cdot 10^{-5}$	$0{,}315 \cdot 10^{-5}$	$0{,}350 \cdot 10^{-5}$
$20 \div 10$	$0{,}390 \cdot 10^{-5}$	$0{,}350 \cdot 10^{-5}$	$0{,}360 \cdot 10^{-5}$	$0{,}335 \cdot 10^{-5}$	$0{,}315 \cdot 10^{-5}$	$0{,}350 \cdot 10^{-5}$
$\sum \varepsilon_{fed}$	$4{,}995 \cdot 10^{-5}$	$4{,}750 \cdot 10^{-5}$	$4{,}615 \cdot 10^{-5}$	$4{,}485 \cdot 10^{-5}$	$4{,}370 \cdot 10^{-5}$	$4{,}240 \cdot 10^{-5}$
$\sum \varepsilon_{bl}$ für $120 \div 10$	$6{,}810 \cdot 10^{-5}$	$7{,}000 \cdot 10^{-5}$	$6{,}435 \cdot 10^{-5}$	$6{,}310 \cdot 10^{-5}$	$6{,}125 \cdot 10^{-5}$	$6{,}000 \cdot 10^{-5}$

tafel 21.

σ in kg/cm² von — bis	$Z_6 = 326\,000$	$Z_7 = 401\,000$	$Z_8 = 430\,000$	$Z_9 = 510\,000$	$Z_{10} = 584\,000$	$Z_{11} = 633\,000$
$10 - 20$	10,68	12,10	11,80	12,68	13,48	12,14
$10 - 30$	10,82	12,07	11,73	12,61	13,46	12,14
$10 - 40$	10,67	12,04	11,71	12,53	13,31	12,14
$10 - 50$	10,59	12,03	11,70	12,50	13,11	11,93
$10 - 60$	10,50	12,00	11,67	12,46	12,75	11,78
$10 - 70$	10,41	11,76	11,60	12,33	12,35	11,61
$10 - 80$	10,31	11,48	11,43	11,93	11,82	11,45
$10 - 90$	10,19	11,02	11,02	11,42	11,34	11,33
$10 - 100$	10,00	10,56	10,61	11,05	10,90	11,09
$10 - 110$	9,52	9,99	10,14	10,43	10,49	10,78
$10 - 120$	8,84	9,30	9,57	9,84	10,12	10,43
Mittelwerte	10,23	11,30	11,18	11,80	12,10	11,53

c) Einfluß der wachsenden Lastwiederholung auf den Elastizitätsmodul E (Abb. 48).

Um sich ein Bild über den Einfluß der Lastwiederholung auf den Elastizitätsmodul E zu machen, betrachten wir die Ergebnisse bei dem Versuchskörper P_2^{XII}, welcher stets

$$\sigma_u \div \sigma_o = 10 \text{ kg/cm}^2 \div 120 \text{ kg/cm}^2$$

unterworfen war (vgl. Abb. 48).

Wie man aus der Abbildung ersieht, nimmt der E-Modul bei kleinerer Zahl der Lastwiederholung sehr rasch ab. Diese Änderung ist bei E-Moduli für kleinere Spannungen merkwürdiger als bei denjenigen für größere Spannungen, so daß, mit der wachsenden Lastwiederholung, der E-Modul für höhere Spannungen sich größer ergibt als E-Moduli für kleinere Spannungen.

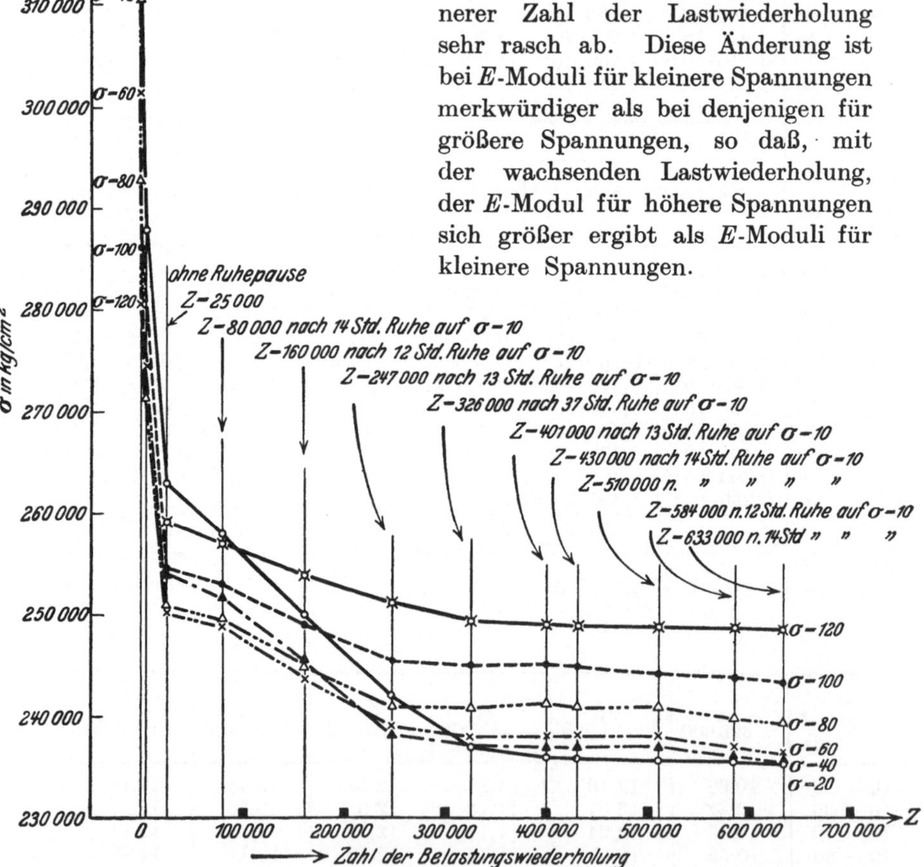

Abb. 48. Veränderlichkeit des Elastizitätsmoduls E mit wachsenden Belastungswiederholungen bei Beton 1 : 6, plastisch, 120 Tage alt.

Es muß berücksichtigt werden, daß in dem ganzen Belastungsvorgang viele Ruhepausen eingeschaltet wurden, denn die Veränderung der Ruhepause würde sicherlich die Ergebnisse beeinflussen.

d) **Einfluß der wachsenden Lastwiederholung auf die Querdehnungszahl m (Abb. 49).**

Wie man aus der Abb. 49 ersieht, erleidet die m-Zahl große Änderung bei kleiner Lastwiederholungszahl (vgl. auch Abb. 44, Z_0 und $Z_1 = 3000$). Schon nach der 3000 maligen Lastwiederholung ändert sich die σ-m-Kurve

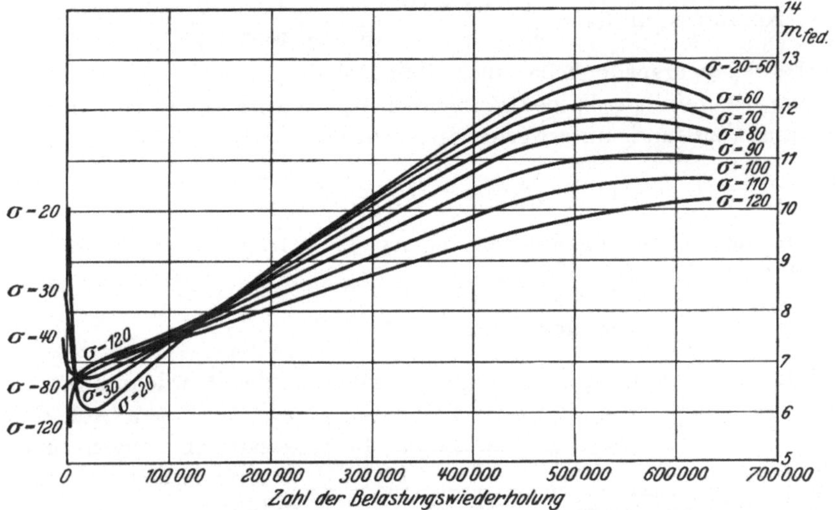

Abb. 49. Tendenz der Veränderlichkeit der m_{fed}-Zahl mit wachsenden Belastungswiederholungen bei Beton (1 : 6, plastisch, 120 Tage alt).

sehr deutlich (Abb. 47). Bei dem Versuch mit dem Versuchskörper P_2^{XII} hat die Querdehnungszahl sich so ergeben, daß sie für alle Spannungsgrößen mit der wachsenden Zahl der Lastwiederholung ($Z > 3000$) zunimmt. Es ist merkwürdig, daß die m-Zahl gegen $Z = 100000$ bis 150000 für alle Spannungsgrößen sich nahezu gleich groß ergab und daß gerade die dabei auftretende m_{fed}-Zahl zwischen 7 und 8 liegt, was aber bei dem statischen Fall auch vorkommt.

III. Elastische Eigenschaften von Beton.

1. Die Kompressibilität (Volumenänderung oder Verdichtung) des Betons bei Normaldruck[1].

Nachdem die Längenänderung und Querdehnung des Betons für axialen Druck festgestellt worden sind, kann die Raumänderung des Betonteilchens für den einachsigen, gleichmäßigen Spannungszustand

---

[1] Unter Volumenänderung des Betons wird gewöhnlich die durch Schwinden hervorgerufene Volumenänderung verstanden. Um eine Verwechselung zwischen

(Druck) ermittelt werden. Damit sind wir in der Lage, die Abhängigkeit der Verdichtung und der Lockerung des Betons von dem Normaldruck zu ermitteln.

Als Maß der Raumänderung wollen wir die Kompressibilität des Materials in folgender Weise bestimmen:

$$\text{Kompressibilität} = \frac{1}{V_0} \cdot \frac{\text{Raumänderung des spez. Rauminhaltes}}{\text{Normalspannung}}$$

hierbei $V_0 =$ ursprünglicher spez. Rauminhalt (1 cm³).

Der Rauminhalt V_0 des Betonteilchens, welches einem einachsigen Spannungszustand unterworfen ist, erleidet die Raumänderung ΔV.

$$\Delta V = 1 - (1 - \varepsilon_l)(1 + \varepsilon_q)^2 = 1 - (1 - \varepsilon_l)\left(1 + \frac{\varepsilon_l}{m}\right)^2 = \sim \varepsilon_l\left(1 - \frac{2}{m}\right).$$

Bei den oben angeführten Versuchen betrug die Vorbelastung $\sigma = 10$ kg/cm², so daß sich die

$$\text{Kompressibilität} = \frac{\varepsilon_{l\,(ges)}}{\sigma - 10}\left(1 - \frac{2}{m_{ges}}\right)$$

ergibt. Da es sich um den Rauminhalt handelt, ist die Querdehnungszahl m_{ges}, bezogen auf die gesamten Längen- und Queränderungen, einzuführen.

Die typischen Zusammenhänge zwischen Kompressibilität und Spannung sind nachstehend, unter Berücksichtigung der Einflüsse des Alters und der Konsistenz (Wasserzusatz), graphisch dargestellt (vgl. Abb. 50 und 51).

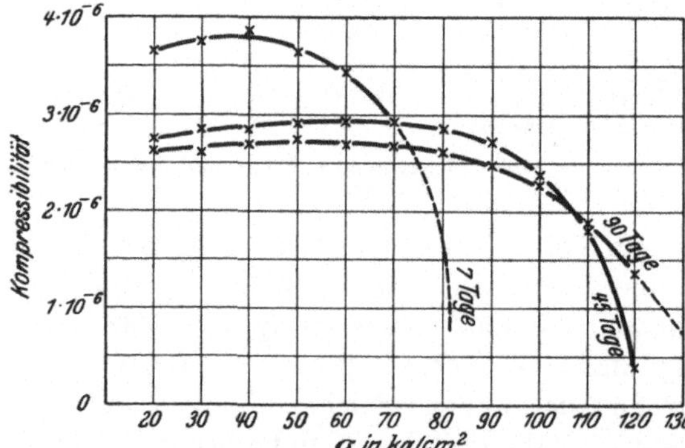

Abb. 50. Abhängigkeit der Kompressibilität von zunehmenden Spannungen bei verschiedenem Alter und konstantem Mischungsverhältnis 1 : 6 und konstanter Konsistenz (plasisch).

Wie aus der Abb. 50 ersichtlich ist, hat ein jüngerer Beton, welcher erst wenig erhärtet ist, bei niedrigen Spannungen größere Kompressibilität als ein älterer. Mit der geringeren Druckfestigkeit und niedrigen Plastizitätsgrenze des jungen Betons hängt es auch zusammen, daß die

---

dieser und der hier erwähnten Volumenänderung (durch Druck) zu vermeiden, sei der Begriff „Kompressibilität" eingeführt. Von manchen Autoren wird mit Kompressibilität der reziproke Wert des hier angegebenen Ausdrucks bezeichnet und wird außerdem noch meistens auf den allseitigen hydrostatischen Druck bezogen. Dann ist Kompressibilität:

$$\frac{m\,\sigma}{3(m-2)\,\varepsilon_l} = \frac{m\,E}{3(m-2)}.$$

Kompressibilität desselben mit zunehmender Spannung schneller abnimmt als bei älterem Beton, dessen Druckfestigkeiten und Plastizitätsgrenzen höher liegen.

Ähnliche Zusammenhänge gelten im allgemeinen auch in bezug auf den Einfluß der Konsistenz (Wasserzusatz) bei gleichem Mischungs-

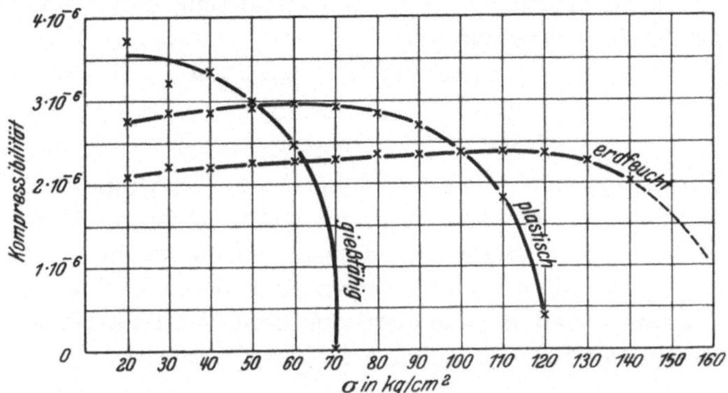

Abb. 51. Abhängigkeit der Kompressibilität von zunehmenden Spannungen bei verschiedener Konsistenz und konstantem Mischungsverhältnis 1 : 6 und konstantem Alter (45 Tage).

verhältnis und gleichem Alter (vgl. Abb. 51). Während die Kompressibilität des wasserreichen Betons unter niedrigen Spannungen größere Werte hat, nimmt sie mit zunehmender Spannung schneller ab als bei wasserarmem Beton.

Der Einfluß des Mischungsverhältnisses auf die Kompressibilität ist aus der Abb. 52 ersichtlich. Die Kompressibilität des Betons vom Mischungsverhältnis 1 : 10 nimmt viel schneller ab als bei entsprechendem Beton

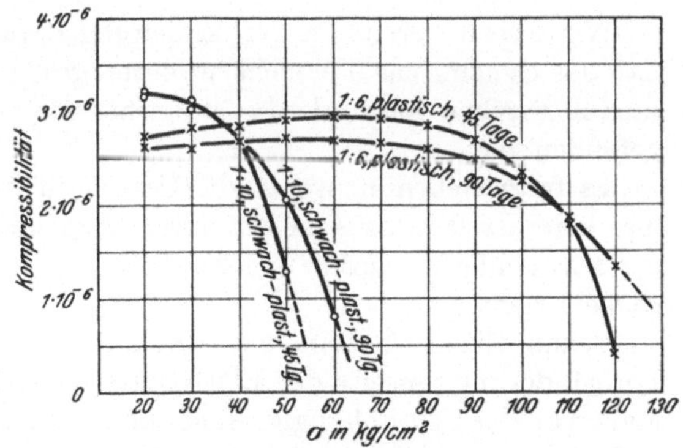

Abb. 52. Vergleich der Kompressibilität bei den Mischungsverhältnissen 1 : 6 und 1 : 10.

vom Mischungsverhältnis 1 : 6. Dies gilt sowohl für den 45 Tage als auch für den 90 Tage alten Beton.

Wie man aus der Abb. 52 ersieht, nimmt die Kompressibilität des Betons vom Mischungsverhältnis 1 : 10 schon von Anfang an stetig ab, und es tritt dabei keine weitere Verdichtung ein; die Struktur wird unter zunehmenden Spannungen ständig weiter gelockert.

Bei den oben gezeigten Ergebnissen ist die Zunahme der Kompressibilität, also der Verdichtung des Materials mit zunehmenden Spannungen

gen gering und liegt unter $0,25 \cdot 10^{-6}$ verglichen mit der Kompressibilität, welche unter der ersten Belastungsstufe $\sigma = 10$ bis 20 kg/cm² gemessen wurde. Als Ausnahmefall sollen die Ergebnisse beim Beton vom Mischungsverhältnis $1:6$, gießfähig, 7 Tage alt, erwähnt werden, bei welchem die größte Kompressibilität und die größte Zunahme der Kompressibilität beobachtet wurden. Bei diesem Beton ergaben sich die Werte der Kompressibilität:

$$5,68 \cdot 10^{-6} \quad \text{für} \quad \sigma = 20 \ \text{kg/cm}^2.$$
$$6,36 \cdot 10^{-6} \quad ,, \quad \sigma = 30 \quad ,, \quad ,$$
$$7,43 \cdot 10^{-6} \quad ,, \quad \sigma = 40 \quad ,, \quad .$$

Zwischen $\sigma = 50$ kg/cm² und $\sigma = 60$ kg/cm² wurde m_{ges} gleich 2, und die Kompressibilität verschwand rasch bis auf 0. Diese merkwürdige Erscheinung bei diesem Beton verschwand jedoch, auch bei demselben Beton, bei einem Alter von 45 Tagen. Aus dieser Beobachtung kann gefolgert werden, daß insbesondere ein Beton von nasser Konsistenz seine Struktur mit zunehmendem Alter stark verändert.

2. Abhängigkeit des Elastizitätsmoduls von der Belastungsgeschwindigkeit. Statische und dynamische Elastizitätsmoduli.

Wir haben bereits in der Einleitung darauf aufmerksam gemacht, daß das dynamische Versuchsverfahren größere Werte von Elastizitätsmoduli ergeben kann als das statische, wie es Kusakabe bei Gestein gefunden hat.

Es fragt sich nun, woran die Ursache dieser Abweichung liegt. Um dies klarzustellen, müssen wir unser Augenmerk auf die Abhängigkeit der Formänderungsgröße von der Belastungs- oder Spannungsgeschwindigkeit richten.

Bekanntlich ist bei einem elastischen Material die Beziehung zwischen Formänderung jenseits der Elastizitäts- bzw. Streckegrenze in starkem Maße von der Zeit abhängig. Auch unterhalb dieser Grenze ist die Formänderung mehr oder weniger dem Einfluß der Zeitwirkung unterworfen.

Dieser Einfluß tritt bei Beton schon bei niedrigen Spannungen auf, sowohl in der bleibenden als auch in der federnden Formänderung. Dies kommt dadurch zum Ausdruck, daß sich für verschiedene Geschwindigkeit der Be- und Entlastung jeweils verschiedene $\sigma\text{-}\varepsilon_{fed}$-Kurven ergeben, und zwar ist die Formänderung für eine bestimmte Spannung um so kleiner, mit je größerer Geschwindigkeit die betreffende Formänderung hervorgerufen wird[1]. Die Formänderungsgröße ist also von der Be-

---

[1] Bei amorphen Materialien spielt die Belastungsgeschwindigkeit eine größere Rolle als bei Kristallen.

lastungsgeschwindigkeit abhängig. Die bei der Gleichgewichtslage endgültig erreichbare Formänderungsgröße kann also nur durch Extrapolation auf die Belastungsgeschwindigkeit Null, $\frac{d\sigma}{dt} = 0$, bzw. unendlich lange Wartezeit bestimmt werden, welches dem Fall des statischen Versuches entspricht. Wir bezeichnen die auf diese Weise ermittelte Formänderungsgröße, Elastizitätsmodul bzw. Querdehnungszahl mit ε_{sta}, E_{sta} bzw. m_{sta}. Die entsprechenden Größen, welche sich bei dem Fall $\frac{d\sigma}{dt} > 0$ ergeben, seien mit ε_{dyn}, E_{dyn} bzw. m_{dyn} bezeichnet. Hierbei bedeute ε_{dyn} die Formänderungsgröße, welche mit der Spannungsveränderlichkeit synchron vor sich geht, und es sei E_{dyn} auf ε_{dyn} bezogen.

Es bestehen somit für die Längenänderung bei einer bestimmten Spannungsgröße σ die folgenden Beziehungen

$$\varepsilon_{sta} = \frac{1}{E_{sta}} \cdot \sigma \,, \qquad \varepsilon_{dyn} = \frac{1}{E_{dyn}} \cdot \sigma$$

und

$$\frac{\varepsilon_{dyn}}{\varepsilon_{sta}} = \frac{E_{sta}}{E_{dyn}}\,.$$

Da ε_{dyn} kleiner als die entsprechende statische Formänderung ist, so muß der dynamische E-Modul größer als der statische E-Modul sein. Solange die Belastungsgeschwindigkeit oder Schwingungszahl der Be- und Entlastung so klein ist, daß ε_{dyn} die Größe von ε_{sta} in vollem Maße erreichen kann, hat E_{dyn} gleichen Wert wie E_{sta}. Sobald dies nicht mehr gilt, so ergeben sich die Werte von E_{sta} und E_{dyn} abweichend, und zwar E_{dyn} größer als E_{sta}. Das Verhältnis E_{dyn}/E_{sta} oder $\varepsilon_{sta}/\varepsilon_{dyn}$ hängt von der Belastungsgeschwindigkeit $\frac{d\sigma}{dt}$ und der inneren Reibung des Materials ab. Es ist auch vollkommen begreiflich, daß die Elastizitätsmoduli weicher Körper wie Wachs, Paraffin, bei denen die innere Reibung eine große Rolle spielt, je nach Belastungsanordnung sich stark abweichend ergeben (vgl. Einleitung, Dynamisches Verfahren.).

Wenn die Belastungsgeschwindigkeit gesteigert wird, so vermag sich nicht mehr der Teil ($\varepsilon_{sta} - \varepsilon_{dyn}$), welcher sich ursprünglich bei einer statischen Belastung $\left(\frac{d\sigma}{dt} = 0\right)$ rein elastisch verhielt, der Belastungsgeschwindigkeit anzupassen und befindet sich in mehr oder weniger labilem Zustand. Dieser Teil kann durch Einschaltung der Ruhepause sich wieder dem rein elastischen Teil anschließen, was nichts anderes als elastische Nachwirkungserscheinung ist. Die Frage, in welches Verhältnis sich dieser labile Teil dem rein elastischen Teil gegenüber stellt, könnte mathematisch auf Variationsprobleme zurückgeführt werden[1].

Obwohl sämtliche Messungen bei den vorliegenden Versuchen mit häufigen Lastwiederholungen nicht während des Laufes der Maschine, sondern während des Stillstands derselben geschahen, konnte doch obige Tatsache beobachtet werden. Bei der Elastizitätsmessung, welche direkt nach der Stillegung der Maschine durchgeführt worden ist, wurde beobachtet, daß die Nullablesung mit wachsender Ruhepause allmählich zurücktrat, was oft die Ermittlung der Beziehung zwischen der Spannung und Formänderung störend beeinflußte. Man vergleiche die zurückgehende bleibende Formänderung beim Eintreten des Ruhezustandes (vgl. Zahlentafel 22).

Zahlentafel 22.

Längenänderungen nach der Belastungszahl
$Z = 327\,000$ bei P_2^{XII}.

σ in kg/cm^2	ε_{ges} in 10^{-5}	ε_{bl} in 10^{-5}	ε_{fed} in 10^{-5}
10	0,000	—	—
20	3,475	—	—
10	—	— 0,050	3,525
30	6,955	—	—
10	—	— 0,200	7,155
40	10,375	—	—
10	—	— 0,300	10,675
50	13,875	—	—
10	—	— 0,325	14,200
60	17,625	—	—
10	—	— 0,175	17,800
70	21,350	—	—
10	—	— 0,175	21,525
80	25,125	—	—
10	—	0,000	25,125

3. Bleibende Formänderungen von Beton.

Bei der Untersuchung der Längen- und Querdehnungen haben wir bisher unsere Betrachtung hauptsächlich auf die federnden Formänderungen bezogen, da dieselben bei der technischen Anwendung eines Baumaterials in erster Linie in Frage kommen.

Der Versuch, durch m_{bl} — Querdehnungszahl bezogen auf bleibende Längen- und Querdehnungen — einen anschaulichen Vergleichsmaßstab zu gewinnen, schlägt fehl, denn bei Beton treten schon bei niedrigen

---

[1] Haar, A. u. Th. v. Kármán: Zur Theorie der Spannungszustände in plastischen und sandartigen Medien. Göttinger Nachrichten 1909, S. 204; ferner E. Hellinger: Innere Reibung und elastische Nachwirkung (Die allgemeinen Ansätze der Mechanik der Kontinua). Enzykl. d. math. Wiss. Bd. 4, S. 4.

Spannungen merkbar bleibende Längen- und Querdehnungen auf, die schon durch die Vorbelastung zum Teil zum Verschwinden gebracht werden, zumal, wegen der kleinen Größe von ε_{bl}^l und ε_{bl}^q, das Verhältnis $m_{bl} = \varepsilon_{bl}^l / \varepsilon_{bl}^q$ nur unsichere Werte ergibt. Dies hat zur Folge, daß auch bei einer gleichen Betonart vom gleichen Alter die m_{bl}-Werte sich sehr verschieden ergeben. Nur eines kann gesagt werden, daß m_{bl} im allgemeinen mit zunehmenden Spannungen abnimmt, wie das bei m_{ges}, m_{jafr} und m_{fed} der Fall ist. Wie bereits im I. Teil erwähnt wurde, besteht bei jüngerem Beton im allgemeinen die folgende Beziehung:

$$m_{bl} < m_{ges} < m_{jafr} < m_{fed} \, .$$

Diese Beziehung scheint aber für älteren Beton nicht immer zu bestehen, denn die Querdehnung des Materials unter einer Normaldruckspannung steht mit der Zugelastizität in Beziehung und das Verhältnis der Zugelastizität zur Druckelastizität ändert sich mit zunehmendem Alter des Betons (vgl. die Ergebnisse der Elastizitätsmessung bei P_2^{XII} vor den Lastwiederholungen).

Bevor wir die Versuchsergebnisse hinsichtlich der elastischen Nachwirkung auf bleibende Formänderungen während der Ruhepause erörtern, wollen wir noch die Natur der bleibenden Formänderung von Beton im Vergleich zu derjenigen von Kristallen betrachten.

Kristalle bestehen aus Kristalliten und Verwachsungsteilen. Wenn man bei Beton die einzelnen Kiesteile als Kristallite und den Mörtel als Verwachsungsteile auffaßt, so kann man sich einen Beton als einen Kristall vorstellen, bei dem aber die Verwachsungsteile gegenüber den Kristalliten sehr reichlich enthalten sind, was auch zur Inhomogenität der Betonstruktur führt. Dies ist mit großer Porosität des Betons verbunden. Während bei Kristallen bleibende Formänderungen innerhalb der Kristallite durch Umlagerung der Kristallkörner auftreten können, tritt dies bei Beton fast ausschließlich im Verkittungsmaterial (Mörtel) ein. Diese Vorstellung ist insoweit berechtigt, als der Bruch bei Beton nahezu ausschließlich durch Mörtelteile vorkommt. Im Gegensatz dazu erfolgt der Bruch bei störungsfreien kristallinischen Materialien bei gewöhnlicher Temperatur stets mitten durch die Kristallkörner, die Korngrenzen sind keine Stellen geschwächter Festigkeit.

Die bleibenden Formänderungen im Beton werden durch gegenseitige Verschiebung und Verdrehung der Betonkörperteilchen hervorgerufen, welche bald die Lockerung der Struktur herbeiführen, was schließlich Rißbildung und Bruch mit sich bringt. Diese Art der bleibenden Formänderung wird als banale Formänderung bezeichnet gegenüber der kristallinischen Formänderung in Kristallkörnern[1].

---

[1] Ein kristallinisches Material zeigt desto mehr kristallinische bleibende Formänderungen, je mehr Gleitlinien sich bilden können. Die Zahl der Gleitlinien

Überhaupt bei quasi-isotropen Konglomeraten wie bei Gesteinen ist die
Formänderung eine aus diesen beiden Formänderungen zusammen-
gesetzte, nur ist sie bei verschiedenen Materialien und auch in verschiedenen Stadien der Formänderung desselben Materials verschieden.

Der Unterschied der bleibenden Formänderungen in Kristallen
und Beton wird dadurch zum Ausdruck gebracht, daß die bleibende
Formänderung in Kristallen sprungweise durch Umschlagen in einen
neuen Gleichgewichtszustand übergeht, während dieser Vorgang bei
Beton stetig vor sich geht. Die erstere hängt von der kristallinischen
Orientierung ab und setzt sich aus der molekularen Umlagerung zu-

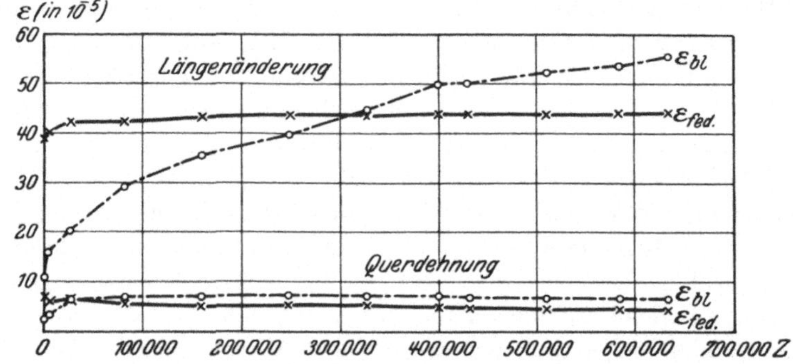

Abb. 53a. Bezogene, bleibende und federnde Längen- und Queränderungen des Körpers P_2^{XII}
während der wiederholten Belastungen zwischen $\sigma_u \div \sigma_0 = 10\ \text{kg/cm}^2 \div 120\ \text{kg/cm}^2$.

sammen, während die letztere (Beton) lediglich von der Belastung abhängt.

Die bleibende Querdehnung im Beton bei häufigen Lastwiederholungen verhält sich eigenartig: wenn die Lastwiederholung innerhalb der
Spannungsgrenzen σ_u und σ_0 bleibt, so nimmt die bleibende Querdehnung nach Erreichen eines gewissen Beharrungszustandes nicht mehr zu,
sondern zeigt unter Umständen eine Verringerung (vgl. Abb. 41b
und 46b). Die bleibende Querdehnung steigt erst dann wieder, wenn die
obere Spannung σ_0 erhöht wird.

Zur Erklärung der eben erwähnten Erscheinung (Nichtanwachsen,
ja selbst Verringerung der bleibenden Querdehnung) wollen wir etwas
eingehender die elastische Hysteresis und die elastische Nachwirkung
betrachten.

---

ist bei gleicher wirkender Kraft eine Funktion der Temperatur, des hydrostatischen
Druckes, auch von Mischkristallen und ebenfalls von der Belastungsgeschwindigkeit. So kann ein Material gegen schnelle Belastung spröde, d. h. nicht imstande
sein, Gleitlinien auszubilden, während es gegen langsame Belastung, wenn ihm Zeit
gelassen wird zur Ausbildung der Gleitlinien, plastisch ist, wie es bei Zink der Fall ist.

4. Elastische Hysteresis und elastische Nachwirkung,

Wir teilen die Formänderung eines elastischen Körpers, wie üblich,
in zwei Teile ein, nämlich:

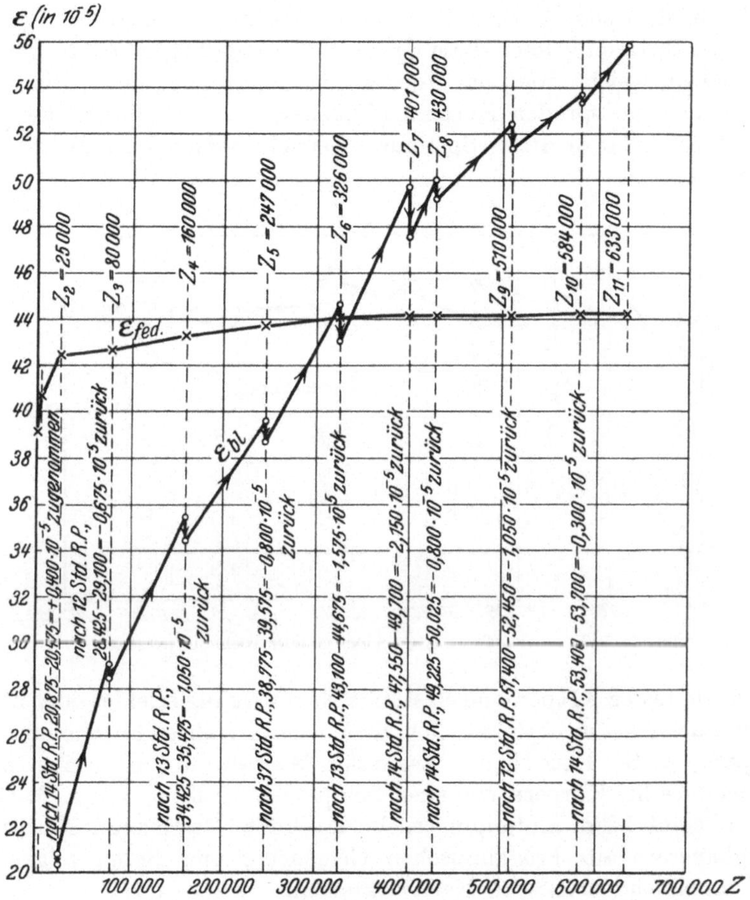

Abb. 53b. Einfluß der Ruhepause auf die bezogene, bleibende Längenänderung (elastische Nach-
wirkung). Ergebnisse an $P_2{}^{XII}$, der einer wiederholten Belastung, $\sigma_u \div \sigma_0 = 10 \div 120$ kg/cm², unterworfen war. Während der Ruhepausen wurde der Körper mit $\sigma = 10$ kg/cm² belastet.

1. Die umkehrbare (federnde; reine elastische) Formänderung.

2. Die bleibende Formänderung kann noch weiter in zwei Teile
untergeteilt werden:

2′. Diejenige bleibende Formänderung, welche lediglich von der
Belastungsfolge abhängt, aber nicht etwa von der dafür verwendeten
Zeit — elastische Hysteresis.

2″. Diejenige bleibende Formänderung, welche verzögert auftritt, also dem Einfluß einer Zeitwirkung unterworfen ist — elastische Nachwirkung[1].

Elastische Hysteresis tritt bei den Materialien, welche eine ausgeprägte Proportionalitätsgrenze, innerhalb deren das Hookesche Gesetz befolgt wird, besitzen, wie z. B. schmiedbares Eisen und Stahl, erst ein, wenn die Spannung über diese Grenze hinaus gesteigert wird. Bei den Materialien, welche von dem Hookeschen Gesetz abweichen, wie es im allgemeinen bei spröden Körpern (Gußeisen, Gestein, Beton) der Fall ist, tritt schon bei niedrigen Spannungen eine bemerkenswerte Hysteresiserscheinung auf.

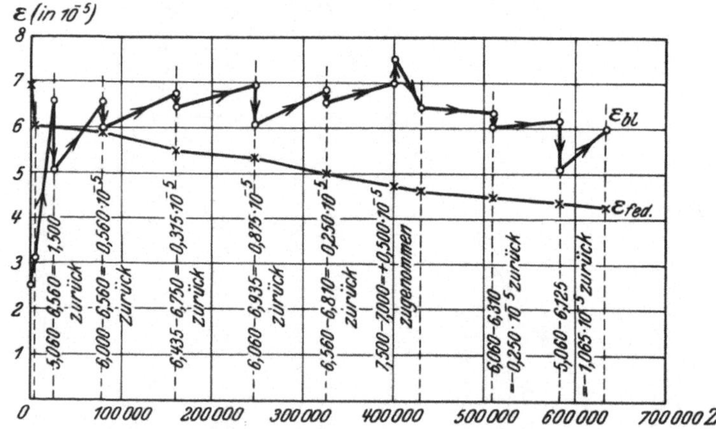

Abb. 53c. Einfluß der Ruhepause auf die bezogene, bleibende Querdehnung (elastische Nachwirkung).

Ob ein fester Körper eine elastische Nachwirkung erleidet oder nicht, hängt stark von der physikalischen Struktur ab. Während bei homogenen Körpern, z. B. Kristallen[2], elastische Nachwirkungen gering sind, erlangen sie bei Körpern von einer komplexen Struktur, wie z. B. Glas, Blei, Wismut, Zinn, Kadmium, erhebliche Größe. Gestein (quasi-isotrope Konglomerate aus kristallinischen Gemengen) und Beton zeigen oft sehr erhebliche elastische Nachwirkungen.

Bei Beton ist es schwer, die Hysteresis von der elastischen Nachwirkung zu trennen. Noch größere Schwierigkeiten in dieser Hinsicht treten bei der Querdehnung ein, bei der die zeitlich verzögerte Form-

---

[1] Es gibt gewiß eine Wirkung der Zeit auch auf die federnde Formänderung, das kommt erst dann deutlich zum Ausdruck, wenn die Spannungsveränderlichkeit oder Belastungsgeschwindigkeit $d\sigma/dt$ sehr groß wird (vgl. Abschnitt III, 2 Statische und dynamische E-Moduli).

[2] W. Voigt hat nur bei Steinsalz bemerkenswerte Nachwirkung beobachtet; äußerst geringe Nachwirkung zeigt Quarz. Einkristalle weisen keine Nachwirkungserscheinungen auf.

änderung sehr stark bemerkbar ist. Es ist eine oft beobachtete Tatsache, daß die bleibende Formänderung durch Einschaltung der Ruhepause

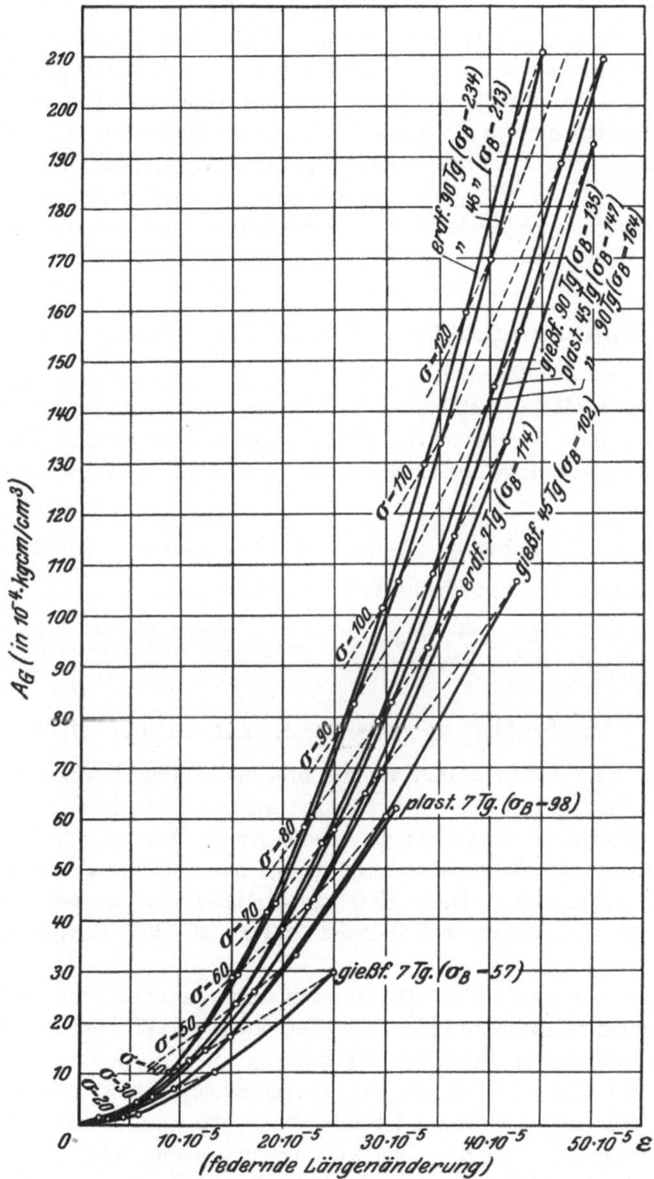

Abb. 54. A_G-ε-Kurven für Beton im Mischungsverhältnis 1 : 6.

verzögert zu- oder abnimmt. In Abb. 53 ist der Einfluß der Ruhepause graphisch dargestellt. Wenn ein häufigen Luftwiederholungen unterworfener Körper noch nicht den Beharrungszustand erreicht hat, wird die bleibende Formänderung während der Ruhepausen zunehmen, wie es bei den Anfangsstadien der Versuche mit P_1^{XII} und P_2^{XII} bei den Längenänderungen beobachtet wurde. Nach dem Erreichen des Beharrungszustandes kann die Ruhepause in der Art wirken, daß die bleibende Formänderung während einer Ruhepause zurückgeht.

Die Ermittlung der Gesetze, welche die elastische Nachwirkung beherrschen, wird dadurch erschwert, daß die momentane elastische Nachwirkung durch alle vorhergegangenen Nachwirkungserscheinungen beeinflußt wird, zumal elastische Nachwirkung auch während der Belastung erfolgen kann.

5. Formänderungsarbeit (Gestaltänderungsarbeit A_g).

Auf Grund der Versuchsergebnisse ist die spezifische Gestaltänderungsarbeit A_g für verschiedene Betonarten gerechnet und in Abb. 54 aufgetragen (man vergleiche die Huber-v. Mises-Henckysche Hypothese für Plastizitätsbedingung). Hierbei ist die gesamte Formänderungsarbeit

$$A = A_p \; (\text{Verdichtungsarbeit}) + A_g \; (\text{Gestaltänderungsarbeit}).$$

Für einachsigen Spannungszustand bekommt man

$$A_p = \frac{m-2}{6\,m\,E}\,\sigma^2, \qquad A_g = \frac{m+1}{3\,m\,E}\,\sigma^2.$$

6. Verfestigungserscheinung und Beton.

Es gibt eine Erscheinung, welche mit bleibenden Formänderungen verbunden ist, nämlich die Verfestigung des Materials, bei welcher bleibende Formänderungen durch mechanische Beanspruchungen eine Verbesserung der Materialeigenschaften, namentlich Erhöhung der Festigkeit, hervorrufen. Diese Erscheinung ist besonders bei Metallen[1] bekannt. Das markanteste Beispiel dafür ist das Schmieden des Schwertes.

Es fragt sich nun, ob bei Beton auch durch mechanische Beanspruchungen solche Erscheinungen auftreten können. Wir wollen deshalb uns etwas mit dieser Frage beschäftigen.

Ist Verfestigung (im Sinne der Festigkeitserhöhung) mit Verdichtung des Materials verbunden? Sollte dies wahr sein, so müßte Beton, welcher häufig wiederholten Druckbeanspruchungen unterworfen wird, eine erhöhte Druckfestigkeit aufweisen, denn eine solche Belastung bringt Verdichtung (Zuwachs der Dichte) mit sich. Jedoch zeigen alle

---

[1] Metalle bestehen im erstarrten Zustand aus Kristallen.

bisherigen Untersuchungen mit häufigen Lastwiederholungen, daß die Ursprungs- oder Dauer- oder Arbeitsfestigkeit stets kleiner ist als die gewöhnliche statische Festigkeit. Die Verringerung der Plastizität, d. h. Verringerung der Dämpfungsfähigkeit gegen die von außen wirkende Energiemenge, durch Lastwiederholungen bringt vielmehr die Verminderung der Widerstandsfähigkeit gegen Beanspruchungen mit sich.

In der Tat ist die Dichte (Raumgewicht) keineswegs für die Festigkeit von Beton maßgebend. Die frühere Anschauung, daß größere Dichte bei einer und derselben Betonart größerer Festigkeit entspräche, ist veraltet und unrichtig. Daß Verdichtung auch bei Metallen keine Charakteristik für die Verfestigung ist, wird durch die Tatsache beleuchtet, daß die Dichte der verfestigten Metalle geringer ist als die der wieder entfestigten Metalle[1].

Ist die Erhöhung der Elastizitätsgrenze oder Verringerung der Dehnung gegen Beanspruchungen mit der Verfestigung verbunden?

Eigentlich kann man von einer Elastizitätsgrenze eines Betons im normalen Zustand (vor häufigen Lastwiederholungen) nicht sprechen. Da aber bei Beton nach häufigen Lastwiederholungen weitere bleibende Formänderungen innerhalb der oberen Spannungsgrenze σ_0 praktisch verschwinden, so kann man sagen, daß bei Beton nach Lastwiederholungen die Elastizitätsgrenze erhöht wird. Solche Erhöhung der Elastizitätsgrenze von Beton ruft ebenfalls nach allen Druckfestigkeitsversuchen keine Erhöhung der Druckfestigkeit hervor. Ferner ist es eine oft beobachtete Tatsache, daß bei Metallen mit steigender Verfestigung die Verminderung der Dehnung eintritt. Daß dies auch nicht für die Verfestigung ausschlaggebend ist, zeigen gewisse Metalle wie Zink. Zink weist nämlich bei Verfestigung neben Erhöhung der Festigkeit auch stark erhöhte Dehnungen auf.

Die bei Beton auftretende Erhöhung der Elastizitätsgrenze oder Verminderung der Dehnung bringt keine Erhöhung der Festigkeit mit sich. Wir finden also keinen Anhaltspunkt dafür, daß die bleibende Formänderung des Betons Erhöhung der Festigkeit herbeiführen kann. Trotz allem gibt es doch noch einen Sonderfall, bei dem Beton neben großen bleibenden Formänderungen auch eine erhöhte Festigkeit (Druckfestigkeit) aufweisen kann, nämlich wenn ein Betonkörper einem allseitigen hydrostatischen Druck unterworfen wird, und zwar unter der Voraussetzung, daß ein Eindringen der Flüssigkeit durch die Poren verhindert wird, um eine Sprengwirkung zu vermeiden.

---

[1] Verfestigte Metalle können durch Erwärmen wieder entfestigt werden, wobei allerdings eine Gefügeveränderung eintritt. Vgl. H. W. Fraenkel: Die Verfestigung der Metalle. Habilitationsschrift, Universität Frankfurt a. M. 1919.

Die dabei auftretende bleibende Formänderung wirkt auf die Widerstandsfähigkeit des Materials wenig störend ein, solange es sich um allseitigen Druck handelt. Dies aber ist insofern ein Sonderfall, als es sich um einen Spannungszustand handelt, bei dem Formänderungsarbeit lediglich in die Verdichtungsarbeit A_p und nicht in die Gestaltänderungsarbeit A_g verwandelt wird. Die scheinbare Erhöhung der Festigkeit ist auf den besonderen Spannungszustand zurückzuführen. Dieser Fall entspricht aber ebenfalls nicht einer Verfestigung des Materials im Sinne der Verbesserung der Materialeigenschaft. — Im strengeren Sinne bedeutet Verfestigung die Erhöhung der Widerstandsfähigkeit gegen Trennungsbruch. Denn eine derartige Veränderung der Materialstruktur durch allseitigen Druck kann eine erhebliche Erniedrigung der Zugfestigkeit hervorrufen, wie es z. B. bei Marmor nachgewiesen ist[1].

Die recht geringe Möglichkeit der Verfestigung bei Beton gegenüber der bei Metallen kann auf den Strukturunterschied zurückgeführt werden, auf die amorphe Struktur einerseits und die kristallinische andererseits. Trotz vielfacher Meinungsverschiedenheiten über das Wesen der Verfestigung, deren Erkenntnis in den letzten Jahren durch Anwendung der physikalischen Chemie und Röntgenanalyse sehr gefördert worden ist, scheint die wesentliche Ursache der Verfestigung die Gleitlinienbildung[2] zu sein, welche direkt mit kristallinischen Formänderungen verbunden ist.

Der Umstand, daß bei Beton diese Gleitlinienbildung nicht zu erwarten ist, kann der Grund sein, daß bei Beton keine Verfestigung im Sinne einer Erhöhung der Festigkeit auftreten kann. Infolgedessen kann man von einer Verfestigung des Betons nur dann sprechen, wenn man die Definition der Verfestigung auf eine Erhöhung der Elastizitätsgrenze beschränkt.

Ob und wie die Erhöhung der Elastizitätsgrenze für Druck eines Betons durch häufig wiederholte Druckbeanspruchung die Erniedrigung

---

[1] Kármán, Th. v.: Festigkeitsversuche unter allseitigem Druck. Mitt. über Forschungsarbeiten H. 118.

[2] Bei mechanischen Beanspruchungen, die zur Verfestigung des Materials führen, kann man auf angeschliffenen und polierten Flächen der Probe mikroskopisch deutlich erkennbare Liniensysteme — Gleitlinien — beobachten. Sie verlaufen in jedem einzelnen Kristallkorn mehr oder weniger gerade und einander parallel, in den verschiedenen Kristallkörnern aber in verschiedenen Richtungen. Bei näherer Untersuchung zeigt sich, daß die Linien daher rühren, daß an der Oberfläche treppenartige Verformungen aufgetreten sind. Dies scheint eine erhöhte Verkittungskraft zwischen Kristallelementen und dadurch eine erhöhte Festigkeit des Materials hervorzurufen.

Man nimmt auch an, daß an Gleitflächen amorphe Schichten entstehen können, welche sich sehr hart verhalten — die „amorphe Theorie" von Beily, Ewing und Rosenhain.

der Elastizitätsgrenze für Zug hervorruft, müssen künftige Untersuchungen feststellen[1].

7. Einige Bemerkungen über Wellenfortpflanzungsgeschwindigkeiten im Beton.

a) Wellenbewegung in einem elastischen Körper.

Wenn ein elastischer Körper in der Art belastet wird, daß die Last ganz allmählich und langsam von Null auf ihren Höchstwert steigt (wie z. B. bei einem unter einer Presse gedrückten Körper oder überhaupt bei einer statischen Belastung), so ist die Formänderung rein statischer Natur und im ganzen Körper herrscht ein Gleichgewichtszustand. Dies ist aber nicht der Fall, wenn ein elastischer Körper plötzlicher oder stoßweiser Belastung unterworfen ist und sein Gleichgewichtszustand gestört wird. Der Körper erleidet größere Formänderung als bei der entsprechenden statischen Belastung. Die größte Formänderung tritt in dem Augenblick ein, wo die ganze kinetische Energie des Systems sich in potentielle Energie, d. h. Formänderungsarbeit verwandelt hat. In Grenzfällen[2] erreicht die dynamische Formänderung bei stoßfreier plötzlicher Belastung die verdoppelte Größe der entsprechenden statischen. Um zu einem Gleichgewichtszustand zu gelangen, versucht der Körper zur Aufnahme der aufgedrückten Energie alle Körperteile heranzuziehen. Die Verhältnisse sind ähnlich wie bei der Wärme. Wie die Wärmefortpflanzung die Wärmeunterschiede in einem Körper auszugleichen versucht, so geschieht etwas Ähnliches bei der elastischen Formänderung.

Der Energieüberschuß in einem plötzlich oder stoßweise belasteten Körperteilchen wird zu den benachbarten Körperteilen weitergeleitet. So entsteht eine elastische Wellenbewegung. Wellenbewegung ist also eine Energieverteilungserscheinung, welche in einer fortwährenden Transformation der beiden Energieformen ineinander beruht.

Die Wellen pflanzen sich bei einem elastischen Körper mit bestimmten Geschwindigkeiten fort. Dies ist vorwiegend durch die elastischen Eigenschaften des Materials, also im Fall eines homogenen isotropen Körpers durch E-Modul, m-Zahl und Dichte ϱ bedingt. So könnte man die Wellenfortpflanzungsgeschwindigkeit als eine umfassendere Elastizi-

---

[1] Muir hat beobachtet, daß wenig über seine Druckelastizitätsgrenze beanspruchtes Eisen zwar eine Erhöhung der Druckelastizitätsgrenze aufweist, gleichzeitig aber die Zugelastizitätsgrenze sich erniedrigt.

[2] Diese Grenzfälle treten ein beim aufgehängten Stab, an dessen anderem Ende ein Gewicht P in seiner vollen Größe angreift, wenn $Q/P = \infty$ oder $Q/P = 0$ wird, wobei Q das Eigengewicht des Stabes bedeutet. Vgl. Timoschenko: Erzwungene Schwingungen prismatischer Stäbe. Z. Math. Phys. Bd. 50. 1911.

tätszahl des Materials auffassen, welche für die Erklärung der Schwingungserscheinungen, seien sie mechanischer, seien sie akustischer Art, in einem elastischen Körper von großer Bedeutung ist.

Die Wellenfortpflanzung im Bauwerk wird durch Brechung an den Knoten und durch Reflexion an den Enden sehr kompliziert sein. Der Vorgang läßt sich aber durch Modellversuche optisch zeigen, wenn man Modelle aus geeigneten Materialien wie Leim, Glas, Zelluloid herstellt und im polarisierten Lichte betrachtet, wodurch man farbige Interferenzfiguren erhält. Wenn man dabei eine intermittierende Lichtquelle wie elektrisches Wechselstromlicht benutzt, so kann man den Wellenvorgang hundertmal verlangsamt wahrnehmen.

Die folgenden Betrachtungen sollen jedoch nur auf die Wellenfortpflanzungsgeschwindigkeiten im Beton beschränkt werden.

Die Wellenfortpflanzungsgeschwindigkeit in einem Material ist bisher vom entwerfenden Bauingenieur wenig behandelt worden, abgesehen von den Druckfortpflanzungsgeschwindigkeiten des Wassers in Rohrleitungen. Nichtdestoweniger sind sie aber wissenschaftlich hochinteressant; man denke nur an die Klärung von Schwingungsproblemen in Bauwerken, raumakustischen Problemen u. dgl. m.

b) Wellenarten und deren Fortpflanzungsgeschwindigkeiten im elastischen Körper.

Die Wellenfortpflanzungsgeschwindigkeiten im homogenen isotropen Körper, unter Vernachlässigung der Wellenabsorption, können wie folgend ausgedrückt werden.

I. In einem unbegrenzten elastischen Körper ist die Wellenfortpflanzungsgeschwindigkeit

a) für longitudinale Wellen (Kondensations- und Dilatationswellen):

$$V_L = \sqrt{\frac{m\,(m-1)}{(m+1)\,(m-2)} \cdot \frac{E}{\varrho}}$$

(nach CGS-System, bei dem 1 kg = 980 665 Dyn),

hierbei ϱ = Dichte des Materials,

    m = Querdehnungszahl, E = Elastizitätsmodul.

Die longitudinalen Wellen im unbegrenzten Körper haben die größte Fortpflanzungsgeschwindigkeit.

b) für transversale Wellen (Scherungswellen):

$$V_T = \sqrt{\frac{m}{2\,(m+1)} \cdot \frac{E}{\varrho}} \qquad (V_T < V_L);$$

c) für Oberflächenwellen (Wellen, welche sich längs der Oberfläche eines ausgedehnten Körpers fortpflanzen):

Die Fortpflanzungsgeschwindigkeit der Oberflächenwellen V_o ist noch geringer als die der transversalen Wellen V_T. V_o kann durch folgende Gleichung ermittelt werden:

$$\left(\frac{V_o}{V_T^2}\right)^3 - 8\left(\frac{V_o^2}{V_T^2}\right)^2 + 8\left(\frac{V_o^2}{V_T^2}\right)\frac{2m-1}{m-1} - 8\frac{m}{m-1} = 0.$$

Noch leichter läßt sich V_o aus der obigen Gleichung in folgender Weise berechnen:

$$x^3 - 8x\cdot\frac{2m-5}{3(m-1)} - 8\cdot\frac{11m-56}{27(m-1)} = 0$$

$$V_o = V_T\sqrt{x+\frac{8}{3}}$$

Für den Fall $m = 4$ wird:

$$x^3 - \frac{8}{3}x + \frac{32}{27} = 0 \quad\text{und daraus}\quad V_o = 0{,}919397\, V_T.$$

Diese Oberflächenwellen schwingen in einer Vertikalebene, elliptisch in der Fortpflanzungsrichtung. Die vertikale Bewegung ist ungefähr zweimal so groß wie die horizontale. Außer diesen sogenannten Rayleighschen Wellen entstehen eine andere Art Oberflächenwellen in einem Medium, dessen elastische Eigenschaften sich stetig mit der Tiefe ändern, nämlich die Wellen, die in Horizontalebene, normal zur Fortpflanzungsrichtung, schwingen. Über die letztgenannten Oberflächen-Querwellen sei auf die Meißnerschen Arbeiten[1] hingewiesen.

II. Wellenfortpflanzungsgeschwindigkeiten in einem stabförmigen Körper.

Im stabförmigen Körper kommen die Kondensations- und Dilatationswellen nicht vor, da an den Seitenflächen keine Kräfte angreifen, welche bei Längenänderungen die Querdehnung behindern. Es kommen daher nur Dehnungswellen (longitudinale Wellen) und Torsionswellen in Frage.

a) Wellenfortpflanzungsgeschwindigkeit der Dehnungswellen:

$$V_D' = \sqrt{\frac{E}{\varrho}}.$$

Die Geschwindigkeit der Dehnungswellen V_D in Stäben ist kleiner als die der longitudinalen Wellen V_L im unbegrenzten Körper. An späterer Stelle soll noch über den Einfluß der Querdehnung auf die Geschwindigkeit der Dehnungswellen Bezug genommen werden.

---

[1] Meißner, E.: Elastische Oberflächenwellen mit Dispersion in einem inhomogenen Medium. Vierteljahrsschr. Nat. Forsch. Ges. Zürich Bd. 65. 1921. Elastische Oberflächenwellen bei Mitschwingen einer trägen Rindenschicht. Bd. 67. 1922. Elastische Oberflächen-Querwellen. Verhandl. d. 2. Intern. Kongress. f. techn. Mechanik, 1926.

b) Fortpflanzungsgeschwindigkeit der Torsionswellen:

Torsionswellen pflanzen sich langsamer fort als die Dehnungswellen. Sie haben die gleiche Geschwindigkeit wie die transversalen Wellen im unbegrenzten Körper.

$$V_t = \sqrt{\frac{G}{\varrho}} = \sqrt{\frac{m}{2\,(m+1)} \cdot \frac{E}{\varrho}} = V_T \qquad (G = \text{Schubmodul}).$$

NB. In vollkommen biegsamen Saiten oder Membranen entstehen Biegungswellen, deren Geschwindigkeit ist:

$$V_B = \sqrt{\frac{\sigma}{\varrho}} \qquad (\sigma = \text{Spannung}).$$

In Stäben und Platten gibt es keine konstante Geschwindigkeit der Biegungswellen. Sie ist von der Wellenlänge abhängig.

c) Einfluß der Querdehnung auf die Fortpflanzungsgeschwindigkeit der Dehnungswellen.

Wir haben bereits oben die Ausdrücke der Fortpflanzungsgeschwindigkeiten der longitudinalen Wellen im unbegrenzten Körper und der Dehnungswellen im stabförmigen Körper angegeben. Es ergab sich dabei die Fortpflanzungsgeschwindigkeit der longitudinalen Wellen als Funktion von E und m und die der Dehnungswellen als Funktion von E, abgesehen von der Dichte ϱ, welche in beiden Ausdrücken zugleich auftritt.

Der letztere Ausdruck für die Dehnungswellen im stabförmigen Körper $V_D = \sqrt{\dfrac{E}{\varrho}}$, wie er von Daniel Bernouli, Euler, Poisson und Cauchy abgeleitet worden ist, kann als genau angesehen werden unter der Voraussetzung, daß der Querschnitt des Stabes gegenüber der Stablänge vernachlässigbar klein ist oder die Querdehnung vernachlässigt wird, d. h. $m = \infty$ angenommen werden kann.

Es fragt sich jedoch, ob und wie die Querdehnung die Fortpflanzungsgeschwindigkeit der Dehnungswellen im stabförmigen Körper beeinflußt, wo doch neben Längenänderungen auch sicherlich Querdehnungen entstehen. Pochhammer[1] und Chree[2] haben diesen Einfluß bei einem Zylinderstab untersucht, und zwar unter der Voraussetzung, daß keinerlei äußere Kräfte (Gewicht, Trägheitskraft) auf den Zylinder einwirken. Pochhammer ging von den bekannten Differentialgleichungen für

---

[1] Pochhammer, L.: Über die Fortpflanzungsgeschwindigkeiten kleiner Schwingungen in einem unbegrenzten isotropen Kreiszylinder. J. reine u. ang. Math., S. 324. Berlin 1876.

[2] Chree, C.: Quart. Journ. of mathematics 1886, p. 287; 1890, p. 340.

Vergleich: H. Lamb: Schwingungen elastischer Systeme, Enzyklopädie d. math. Wissenschaften, IV. 4.

die kleine Bewegung (kleine elastische Verrückung) eines festen Körpers von konstanter Elastizität aus; die Gleichungen haben mit den üblichen Bezeichnungen die Form:

$$\varrho \frac{\partial^2 \xi}{\partial t^2} = \left(\frac{m}{m-2}\right) G \frac{\partial e}{\partial x} + G \nabla^2 \xi,$$

$$\varrho \frac{\partial^2 \eta}{\partial t^2} = \left(\frac{m}{m-2}\right) G \frac{\partial e}{\partial y} + G \nabla^2 \eta,$$

$$\varrho \frac{\partial^2 \zeta}{\partial t^2} = \left(\frac{m}{m-2}\right) G \frac{\partial e}{\partial z} + G \nabla^2 \zeta,$$

wo

$$e = \varepsilon_x + \varepsilon_y + \varepsilon_z = \frac{\partial \xi}{\partial x} + \frac{\partial \eta}{\partial y} + \frac{\partial \zeta}{\partial z}.$$

Durch Umformung der Gleichungen mit Hilfe von Zylinderkoordinaten, also durch Einsetzung von r, θ, z statt x, y, z und r, Θ, ζ statt ξ, η, ζ, ist Pochhammer unter Berücksichtigung der Oberflächenbedingungen zu Formeln für die Wellenfortpflanzungsgeschwindigkeiten gekommen. Da die Dehnungswellen rings um die Stabachse symmetrisch vor sich gehen, entspricht dies dem Fall, bei dem r, Θ, ζ von θ unabhängig sind. So zeigt er, daß sich die Geschwindigkeit der Dehnungswellen für einen endlichen Zylinderradius c in folgender Form darstellen läßt:

$$V_D = \sqrt{\frac{E}{\varrho}} \left(1 + F_1 \frac{c^2}{\lambda^2} + F_2 \frac{c^4}{\lambda^4} + \cdots \right).$$

Ist der Zylinderradius c verglichen mit der Wellenlänge hinreichend klein, so kann c^4/λ^4 gegenüber der Einheit vernachlässigt werden und es ergibt sich als Geschwindigkeit der Dehnungswellen

$$V_D = \sqrt{\frac{E}{\varrho}} \left(1 - \frac{\pi^3 c^2}{m^2 \lambda^2}\right)$$

($m =$ Querdehnungszahl).

Es zeigt sich, daß die Geschwindigkeit der Dehnungswellen eines Stabes stets durch die Querdehnung beeinflußt wird.

Um sich ein Bild zu machen, welchen Einfluß das Auftreten von Querdehnungen auf die Geschwindigkeit der Dehnungswellen hat, vergleichen wir die Geschwindigkeiten der longitudinalen Wellen im unbegrenzten Körper wie Halbraum mit der Geschwindigkeit der Dehnungswellen im Stab, dessen Querschnitt irgendwie begrenzt ist.

Im ersten Fall, wo die Dehnung in der Querrichtung behindert ist, ergibt sich der Wert

$$V_L = \sqrt{\frac{m\,(m-1)}{(m+1)\,(m-2)} \cdot \frac{E}{\varrho}}$$

für die longitudinalen Wellen. Im zweiten Fall, bei welchem der Rand sich frei bewegen kann, ergibt sich für die Dehnungswellen bei der üblichen Annäherung $V_D = \sqrt{\dfrac{E}{\varrho}}$ und bei der genaueren Annäherung V_D als Funktion von E und m, sowie von der Wellenlänge λ, wie es oben beim Zylinderstab angegeben wurde.

Aus dem Umstand, daß die Fortpflanzungsgeschwindigkeit der Dehnungswellen, wie die genauere Lösung angibt, auch von der Wellenlänge abhängt, folgt unmittelbar, daß die Dehnungswellen nichtharmonische Obertöne ergeben müssen, d. h. die Schwingungszahlen der Obertöne sind nicht genau die Vielfachen der Schwingungszahl des Grundtons. Zu bemerken ist, daß im Gegensatz hierzu die Torsionswellen auch bei genauerer Behandlung harmonische Obertöne ergeben, da die Geschwindigkeit dieser Wellen von der Wellenlänge unabhängig ist.

d) Wellenfortpflanzungsgeschwindigkeiten in Beton.

1. Die Verhältnisse $V_L : V_D : V_T$. Zuerst wollen wir die Verhältnisse der einzelnen Wellenfortpflanzungsgeschwindigkeiten, namentlich die der longitudinalen bzw. der transversalen Wellen im unbegrenzten Körper zu der von Dehnungswellen im stabförmigen Körper betrachten. Sie sind ausschließlich von der Querdehnungszahl m abhängig:

$$\frac{V_L}{V_D} = \sqrt{\frac{m\,(m-1)}{(m+1)\,(m-2)}}\,; \qquad \frac{V_T}{V_D} = \sqrt{\frac{m}{2\,(m+1)}}\,.$$

Die Verhältnisse sind in Abb. 55 als Funktion von m dagestellt.

Wie man aus Abb. 55 ersieht, sind die Verhältnisse $V_L : V_D : V_T$ nur bei kleineren Werten von m stark veränderlich. Mit zunehmendem Wert von m nähern sie sich ziemlich ständigen Verhältnissen. Im Grenzfall $m = \infty$ sind die Verhältnisse

$$V_L : V^D : V_T = 1 : 1 : 0{,}707.$$

In diesem Falle ist $V_L = V_D$.

Für den anderen Grenzfall $m = 2$ ergibt sich

$$V_L : V_D : V_T = \infty : 1 : 0{,}577\,.$$

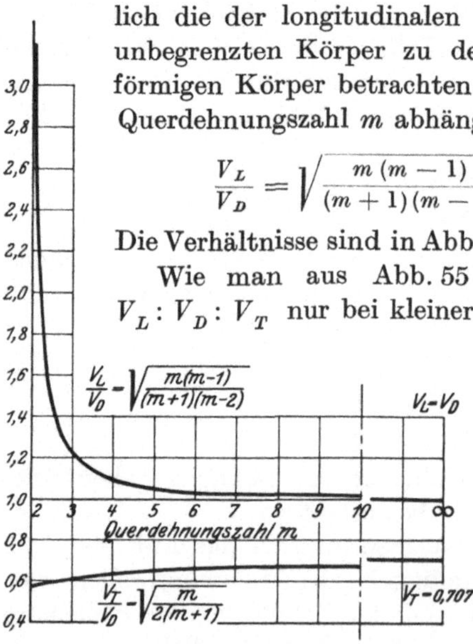

Abb. 55. Die Verhältnisse V_L/V_D und V_T/V_D in Abhängigkeit von der Querdehnungszahl m.

Bei $m = 2$ folgt somit $V_L = \infty$. Bei Beton tritt dieser Fall nicht ein, so lange er stabile Struktur hat. Dieser Fall kommt nur dann vor, wenn Beton in den plastischen Zustand übergeht, bei dem aber sehr große bleibende Formänderungen auftreten. In diesem Zustand wird die Wellenenergie jedoch stark durch die bleibenden Änderungen absorbiert werden, so daß $V_L = \infty$ in Wirklichkeit nicht zu erwarten ist.

Bei Beton ist der Bereich von $m = 5$ bis 10 besonders wichtig, bei dem die Verhältnisse $V_L : V_D : V_T = 1,1 : 1 : 0,67$ angenommen werden können. Wir nehmen im folgenden V_D als Bezugsmaß für die Wellenfortpflanzungsgeschwindigkeit in Beton.

Die Fortpflanzungsgeschwindigkeit der Dehnungswellen V_D ist nach der ersten Näherungsformel nur vom E-Modul und der Dichte abhängig, unter der Voraussetzung, daß die Abmessungen des Stabquerschnittes gegenüber der Stablänge sehr klein sind.

Nehmen wir zuerst an, daß Beton dem Hookeschen Gesetz folge, d. h. der E-Modul konstant sei, so ist V_D für einen Beton eindeutig bestimmt und gleich

$\sqrt{\dfrac{E}{\varrho}}$. In Abb. 56 sind die Fortpflanzungsgeschwindigkeiten der Dehnungswellen in Abhängigkeit von E dargestellt, und

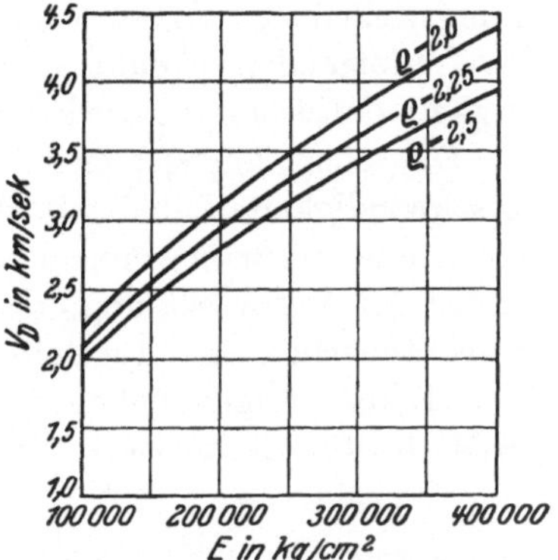

Abb. 56. Abhängigkeit der Fortpflanzungsgeschwindigkeit der Dehnungswellen vom E-Modul für die Dichte $\varrho = 2,0;\ 2,25;\ 2,5$.

zwar bei $\varrho = 2,0$, $\varrho = 2,25$ und $\varrho = 2,5$ (ϱ ist zahlenmäßig gleich dem Raumgewicht in Gramm pro Volumeneinheit cm³). Bei verschiedenen Betonarten schwankt ϱ etwa zwischen 2,1 und 2,45. Die Abb. 56 zeigt den Zusammenhang zwischen V_D und E unter der gemachten Annahme.

e) Abhängigkeit der Wellenfortpflanzungsgeschwindigkeit im Beton von der Spannungsgröße (Wellendruck).

Wir beziehen unsere Betrachtung wieder wie vorher auf die Fortpflanzungsgeschwindigkeit der Dehnungswellen $V_D = \sqrt{\dfrac{E}{\varrho}}$.

Die Dehnungswellen haben reinen Sinuscharakter, und für die Verrückung ξ eines Teilchens in der Stablängenrichtung mit der Abszisse x gilt

$$\xi = A \sin \frac{2\pi}{\lambda}(x - V_D t,$$

wobei $A =$ Amplitude (die maximale Abweichung aus der Nullage),
$\quad\ \lambda =$ Wellenlänge,
$\quad\ t =$ Zeit.

Nach dem Hookeschen Gesetz besteht für kleine elastische Formänderungen die Beziehung

$$\sigma = V_D^2\, \varrho\, \frac{\partial \xi}{\partial x}$$

oder

$$V_D^2 = \frac{\sigma}{\varrho} \cdot \frac{1}{\dfrac{\partial \xi}{\partial x}},$$

wobei $\varrho = $ Dichte,

    $\sigma = $ max. Wellendruck pro Flächeneinheit des Querschnittes.

Wir sehen also, daß die Fortpflanzungsgeschwindigkeit der Dehnungswellen V_D von der Spannungsgröße des Wellendrucks abhängig ist.

Im folgenden sei daher die Abhängigkeit der Fortpflanzungsgeschwindigkeit der Dehnungswellen von der Spannungsgröße betrachtet.

Die oben angegebenen Ausdrücke für die Wellenfortpflanzungsgeschwindigkeiten sind mit Hilfe der Differentialgleichungen für kleine elastische Formänderungen unter konstanten Elastizitätsgrößen, d. h. unter der Voraussetzung, daß der E-Modul für alle Spannungsgrößen unveränderlich sei, abgeleitet. Die meisten Baumaterialien, namentlich Beton, folgen bekanntlich nicht dem Hookeschen Gesetze. Der E-Modul für Beton ist von der Spannungsgröße abhängig.

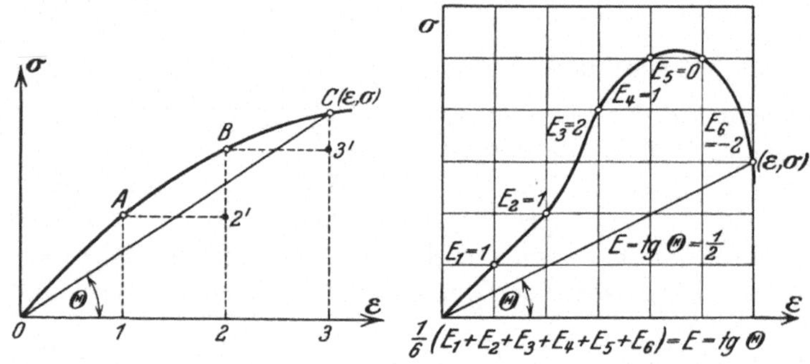

Abb. 57a und b.

Da jeder Teilvorgang eines Formänderungszyklus während einer ganzen Wellenbewegung die Wellenfortpflanzungsgeschwindigkeit beeinflußt, so muß man die Veränderlichkeit von E in einem ganzen Wellenzyklus berücksichtigen. Es fragt sich nun, wie man dieser Veränderlichkeit von E Rechnung tragen kann. Wir wollen im folgenden etwas·näher darauf eingehen.

Wir nehmen eine σ-ε-Kurve an, welche nicht dem Hookeschen Gesetze folgt (vgl. Abb. 57). Ferner nehmen wir an, daß die Formänderung in der Art erfolgt, daß man den Mittelwert von $\dfrac{d\sigma}{d\varepsilon}$ für das Intervall $0 \longleftrightarrow \varepsilon$ dem für das Intervall $0 \longleftrightarrow t$ gleichsetzen kann. Die ε-Achse sei in gleiche kleine Teile eingeteilt z. B. in 3 Teile. Die entsprechenden Punkte auf der σ-ε-Kurve bezeichnen wir mit A, B, C. Wenn OA, AB, BC genügend klein gemacht werden, so folgen die Formänderungen in den betreffenden jeweiligen Bereichen genügend genau dem Hookeschen Gesetz und E kann innerhalb des jeweiligen kleinen Bereichs als angenähert konstant angesehen werden.

E_1 sei der Elastizitätsmodul für den Bereich OA,

E_2 „ „   „   „ „   „ AB,

E_3 „ „   „   „ „   „ BC

also

$$\frac{\overline{1\,A}}{\overline{0\,1}} = E_1\,, \qquad \frac{\overline{2'\,B}}{\overline{A\,2'}} = E_2\,, \qquad \frac{\overline{3'\,C}}{\overline{B\,3'}} = E_3\,.$$

Nun denken wir uns einen Parameter $\overline{OC}$ für den Punkt C, dessen Koordinaten (ε, σ) sind. $\overline{OC}$ weicht von der σ-ε-Kurve $OABC$ ab. Wir betrachten das Verhältnis

$$\frac{\overline{3\,C}}{\overline{0\,3}} = \operatorname{tg}\theta = \frac{\sigma}{\varepsilon}\,.$$

Wir wollen $\operatorname{tg}\theta$ Vergleichs-Elastizitätsmodul nennen und mit E bezeichnen[1].

$$\frac{\overline{3\,C}}{\overline{0\,3}} = \frac{\overline{1\,A} + \overline{2'\,B} + \overline{3'\,C}}{\overline{0\,1} + \overline{1\,2} + \overline{2\,3}} = \frac{1}{3}\left(\frac{\overline{1\,A}}{\overline{0\,1}} + \frac{\overline{2'\,B}}{\overline{A\,2'}} + \frac{\overline{3'\,C}}{\overline{B\,3'}}\right),$$

es folgt:

$$E = \frac{1}{3}\left(E_1 + E_2 + E_3\right).$$

Wenn die Strecke ε in n-gleiche Teile eingeteilt wird, so gilt im allgemeinen die folgende Beziehung:

$$E = \frac{1}{n}\left(E_1 + E_2 + E_3 + \cdots + E_{n-1} + E_n\right).$$

Da $\dfrac{\varDelta\varepsilon}{\varepsilon} = \dfrac{1}{n}$ ($\varepsilon =$ eine bestimmte Größe)

$$E = \frac{\varDelta\varepsilon}{\varepsilon} \sum_{1}^{n} E_n\,.$$

Es sei der Mittelwert von $\displaystyle\sum_{1}^{\infty} E_n$ betrachtet:

$$\lim_{n=\infty} \frac{1}{n} \sum_{1}^{\infty} E_n = \lim_{n=\infty} \frac{\varDelta\varepsilon}{\varepsilon} \sum_{1}^{n} E_n = \frac{1}{\varepsilon}\lim_{n=\infty} \sum_{1}^{n} E_n\,\varDelta\varepsilon = \frac{1}{\varepsilon}\lim_{n=\infty} \sum_{1}^{n} E_n\,\frac{\varepsilon}{n}$$

$$= \frac{1}{\varepsilon}\int_{0}^{\varepsilon} E_\varepsilon\,d\varepsilon = \frac{1}{\varepsilon}\int_{0}^{\varepsilon} f'(\varepsilon)\,d\varepsilon = \frac{[f(\varepsilon)]_0^\varepsilon}{\varepsilon} = \frac{\sigma}{\varepsilon} = E_\varepsilon$$

$$(E_\varepsilon = \operatorname{tg}\theta).$$

---

[1] In der vorliegenden Arbeit sei unter E stets der Vergleichs-Elastizitätsmodul und nicht $d\sigma/d\varepsilon$ verstanden.

Es folgt somit:

Mittelwert von sämtlichen E auf der σ-ε-Kurve
zwischen 0 und $\varepsilon = E_\varepsilon$.

Diese Beziehung kann immer bestehen, wenn die Funktion $\sigma = f(\varepsilon)$ keinen singulären Punkt hat und die Funktion $f'(\varepsilon) = \dfrac{d\sigma}{d\varepsilon}$ zwischen 0 und ε stetig und ferner $f(0) = 0$ ist.

Da der Vergleichsmodul $E = \operatorname{tg}\theta$ nur von dem Anfangspunkt 0 und Endpunkt (ε, σ) abhängt, so ist der Mittelwert der sämtlichen E-Moduli innerhalb des Bereiches $0-\varepsilon$ unabhängig von der Form der σ-ε-Kurve zwischen 0 und (ε, σ). Somit stellt der E-Modul auch den Mittelwert der sämtlichen E-Moduli während eines ganzen Spannungs- und Formänderungszyklus $0 \frown \sigma$ bzw. $0 \frown \varepsilon$ dar. Es liegt infolgedessen nahe, bei der Ermittlung der Wellenfortpflanzungsgeschwindigkeiten mittels der oben angegebenen Formeln die ganzen Spannungs- und Formänderungsvorgänge innerhalb des betreffenden Bereichs dadurch in die Rechnung einzubeziehen, daß wir für E in den Formeln den Vergleichs-Modul $E = \operatorname{tg}\theta$ einsetzen.

Wie wird nun die Dichte ϱ von der Spannungsgröße beeinflußt? Wir bezeichnen mit ϱ die Anfangsdichte und ϱ' die Dichte des Materials unter veränderlichen Spannungen.

$$\varrho : \varrho' = (1 - \varepsilon_l)\left(1 + \frac{\varepsilon_l}{m_{ges}}\right)^2 : 1$$

($m_{ges} = $ Querdehnungszahl bezogen auf die gesamten Längen- und Queränderungen),

$$(1 - \varepsilon_l)\left(1 + \frac{\varepsilon_l}{m_{ges}}\right)^2 \simeq 1 - \varepsilon_l\left(1 - \frac{2}{m_{ges}}\right).$$

Da $\varepsilon\left(1 - \dfrac{2}{m_{ges}}\right)$ bei Beton gegenüber 1 sehr klein (von der Ordnung 10^{-4}) ist, so kann man wohl $\varrho = \varrho'$ annehmen.

Bisher haben wir den Einfluß von E und m auf die Wellenfortpflanzungsgeschwindigkeit vom rein mechanischen Standpunkt aus betrachtet. Es treten bei Beton sehr langsame zeitliche Formänderungen, sogenannte Schwind- und elastische Nachwirkungserscheinungen auf. Abgesehen von diesen sekundären Formänderungen ist noch auf den Unterschied zwischen dem isothermen und adiabatischen Elastizitätsmodul einzugehen. Es fragt sich, ob der übliche Elastizitätsmodul, welcher genau gesprochen als isothermer Elastizitätsmodul angesprochen werden muß, für die Ermittlung der Wellenfortpflanzungsgeschwindigkeit ohne weiteres benutzt werden kann. Wie Mehmel jedoch bei seinen Versuchen über die Erwärmung durch wiederholte Belastung gezeigt hat, erzeugen bei Beton auch die heftigsten Formänderungen keinen nennenswerten Wärmeaufstieg. Bei Beton kann man, wie es im allgemeinen bei flüssigen und festen Körpern der Fall ist, den adiabatischen[1] Elastizitätsmodul gleich dem isothermen Elastizitätsmodul annehmen.

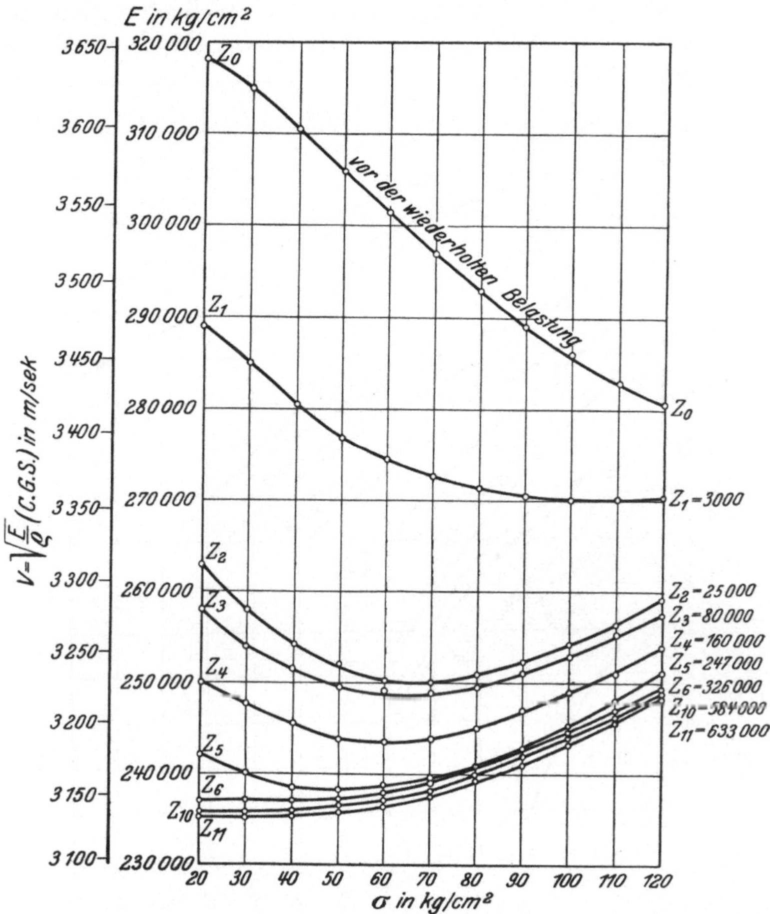

Abb. 58. Abhängigkeit des Elastizitätsmodul E und der Fortpflanzungsgeschwindigkeit der Dehnungswellen $V = \sqrt{\dfrac{E}{\varrho}}$ von der Spannungsgröße bei wachsenden Belastungswiederholungen. [Ergebnisse bei P_2^{XII} ($\varrho = 2{,}35$ g/cm³).]

Nunmehr sind wir in der Lage, die Abhängigkeit der Wellenfortpflanzungsgeschwindigkeiten in Beton von dem maximalen Wellendruck zu ermitteln. Die für Beton von den Versuchsreihen I—XI

---

[1] Adiabatischer Elastizitätsmodul unterscheidet sich vom üblichen isothermen Elastizitätsmodul dadurch, daß E_{ad} mit zunehmendem Druck zunimmt, während E_{iso} in der Regel mit zunehmendem Druck abnimmt. Eine beträchtliche Abweichung tritt bei Gasen ein.

(wenig häufig belasteter Beton) ermittelten Wert der Fortpflanzungs-geschwindigkeiten der Dehnungswellen sind in den Abb. 58 graphisch dargestellt.

Wie man aus der Abbildung ersieht, nimmt die Wellenfortpflanzungs-geschwindigkeit mit zunehmenden Spannungen (Wellendruck) ab.

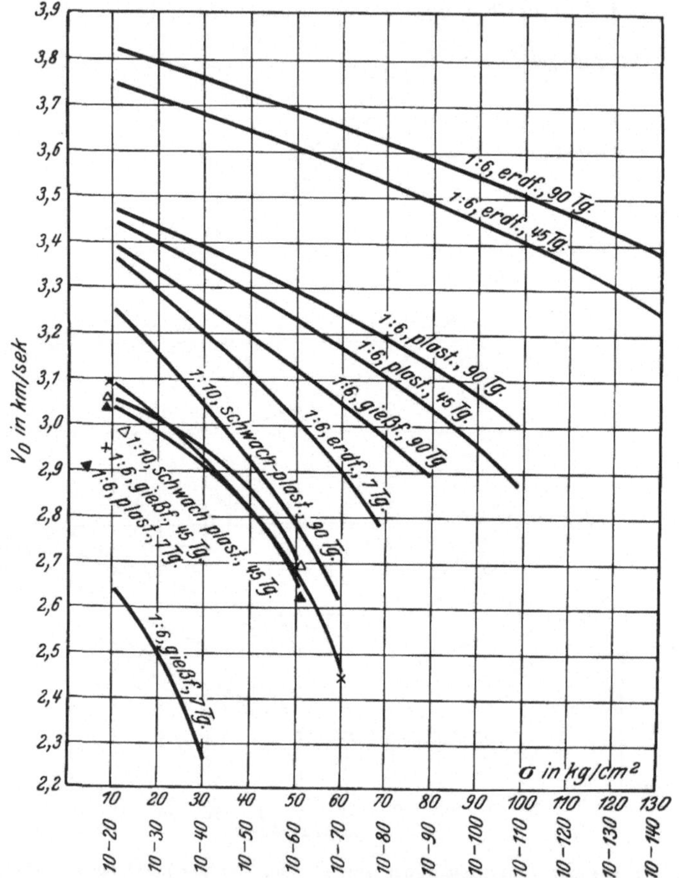

Abb. 59. Fortpflanzungsgeschwindigkeit der Dehnungswellen bei verschiedenem Beton in Abhängigkeit von der Spannungsgröße (Wellendruck).

Es ist selbstverständlich, daß der Beton, welcher einen größeren E-Modul hat, größere Wellenfortpflanzungsgeschwindigkeit hat. Da der E-Modul im allgemeinen mit zunehmender Prismendruckfestigkeit zunimmt (vgl. Abb. 35) und die Schwankung von ϱ klein ist, so kann man sagen, daß der Beton, welcher größere Prismendruckfestigkeit hat, auch in der Regel größere Fortpflanzungsgeschwindigkeit der Wellen besitzt.

Es muß betont werden, daß dieses nur für Beton gilt, welcher nicht häufig belastet wird. Wie die Versuchsergebnisse unter häufig wiederholten Belastungen zeigen, erleidet der Beton, welcher häufig wiederholt belastet wird, große Veränderungen in seinen elastischen Eigenschaften. Die Beziehung zwischen E-Modul und Spannungsgröße wird anders als beim ursprünglichen Zustand. Diese Veränderung ist größer, je häufiger und in je weiteren Spannungsbereichen der Beton belastet wird. Unter solchen Verhältnissen kann der E-Modul, also auch die Wellenfortpflanzungsgeschwindigkeit, mit zunehmender Spannungsgröße zunehmen (vgl. Abb. 59).

Es mag noch erwähnt werden, daß die eben angegebenen Ergebnisse der Wellenfortpflanzungsgeschwindigkeit auf den trocknen Zustand bezogen sind. Die Werte der Wellenfortpflanzungsgeschwindigkeit können bei nassem Zustand anders ausfallen und zwar sehr wahrscheinlich geringer[1]. Der Verfasser hat davon abgesehen, diesen Einfluß versuchsweise zu untersuchen.

Es soll nur noch kurz der Einfluß der Porenbildung des Betons auf die Wellenfortpflanzungsgeschwindigkeit gestreift werden, denn Beton ist ja ein sehr poröses Material[2]. Rein mechanisch wird dieser Einfluß zum großen Teil in den Werten des E-Moduls und der m-Zahl sowie der Dichte ϱ zum Ausdruck kommen. Sollte das Vorhandensein der Poren sich noch weiter auswirken, so kann es nur so geschehen, daß die Wellenfortpflanzungsgeschwindigkeit verringert wird. Denn die geradlinige Fortpflanzung der Wellen wird durch das Vorhandensein der Poren gestört und die Wellen werden gezwungen, mehr oder weniger Umwege zu machen, je nach der Porosität und Porengröße. Außerdem wird die Wellenenergie durch Brechung und Reflexion an den Berührungsstellen von Betonteilen und Luftteilen (Poren) gedämpft werden. Diesen Einfluß zahlenmäßig zu ermitteln, wird dadurch erschwert, daß die Poren, besonders Mikroporen, sich schwer angeben lassen.

Es sei noch hinzugefügt, daß Porosität im Gegensatz zu elastischen Wellen die Luftschallübertragung begünstigt. Hier sind die Verhältnisse sehr ähnlich wie beim Fall der Wasserdurchlässigkeit des Betons[3].

---

[1] Kusakabe hat bei Sandstein gefunden, daß die Wellenfortpflanzungsgeschwindigkeit durch Naßmachen verringert wird und daß durch Rückkehr in trockenen Zustand wieder die ursprüngliche Geschwindigkeit erreicht wird.

[2] Über den Einfluß der Poren auf die Schallreflexion und Schalldurchgang vergleiche Lord Rayleigh: The Theory of Sound. 1894.

[3] Ein Vergleich der Schalldurchlässigkeit poröser Materialien kann durch den Vergleich ihrer Luftdurchlässigkeit vorgenommen werden. Vergleiche R. Ottenstein: Über den Schutz gegen Schall und Erschütterungen. Dissertation a. der Techn. Hochschule München 1915.

IV. Schlußfolgerungen.

1. Bei der vorliegenden Untersuchung wurde ein einachsiger Druckspannungszustand zugrunde gelegt. Dies hat es ermöglicht, die genauen Beziehungen zwischen Spannungsgrößen und elastischen Zahlen zu erhalten.

2. Die Querdehnungszahl des Betons nimmt mit zunehmenden Spannungsgrößen ab.

3. Diese Abnahme der Querdehnungszahl mit zunehmenden Spannungen ist um so größer,

je jünger der Betonkörper ist;

je größer der W/Z-Faktor des Betons ist;

je kleiner die Prismendruckfestigkeit ist.

4. Die Querdehnungszahl m_{fed} des Betons von einem Mischungsverhältnis 1 : 6 ist bei der Spannungsgröße $\sigma = 10$ bis 40 kg/cm², $\sigma = 10$ bis 50 kg/cm² unabhängig vom Alter und Wasserzusatz, ihre Größe ist in diesem Falle etwa 7 (nur sehr junger Beton ausgenommen). Bei einem Mischungsverhältnis 1 : 10 ergibt sich die Querdehnungszahl für dieselben Spannungsgrößen zu 5,5 bis 6.

5. Während E und G mit zunehmender Prismendruckfestigkeit zunehmen, nähert sich die Querdehnungszahl mit zunehmender Prismendruckfestigkeit einem konstanten Wert.

6. Die Querdehnung ist stark einer elastischen Nachwirkung unterworfen.

7. Die Umkehrbarkeit des Prozesses in der Spannungs-Dehnungskurve der federnden Längenänderung ist bei der Lastwiederholung mit Ruhepausen nur wenig bemerkbar, während sie bei den federnden Querdehnungen gar nicht zu beobachten ist.

8. Die bleibenden Längen- und Queränderungen bei jeder Elastizitätsmessung nehmen mit zunehmenden Lastwiederholungen ab.

9. Mit der Lastwiederholung wird die Querdehnungszahl zunehmen.

10. Nach Lastwiederholungen sind die Beziehungen zwischen der Querdehnungszahl und der Spannungsgröße und die Beziehungen zwischen den Elastizitätsmoduli und Spannungsgrößen ganz anders als bei dem ursprünglichen Zustand (vor der Lastwiederholung). Die Veränderung ist aber abhängig von der Belastungsanordnung.

11. Das elastische Verhalten von wiederholt belastetem Beton ist mit dieser eben erwähnten Veränderung direkt verbunden, wie es im Abschnitt III besprochen wurde.

Der Beton. Herstellung, Gefüge und Widerstandsfähigkeit gegen physikalische und chemische Einwirkungen. Von Dr. **Richard Grün**, Direktor am Forschungsinstitut der Hüttenzementindustrie in Düsseldorf. Mit 54 Textabbildungen und 35 Tabellen. X, 186 Seiten. 1926. RM 13.20; geb. RM 15.—

Der Aufbau des Mörtels und des Betons. Untersuchungen über die zweckmäßige Zusammensetzung der Mörtel und des Betons. Hilfsmittel zur Vorausbestimmung der Festigkeitseigenschaften des Betons auf der Baustelle. Versuchsergebnisse und Erfahrungen aus der Materialprüfungsanstalt an der Technischen Hochschule Stuttgart. Von **Otto Graf**. Dritte, neubearbeitete Auflage. Mit 160 Textabbildungen. VIII, 151 Seiten. 1930.
RM 16.—; gebunden RM 17.50

Wasserdurchlässigkeit von Beton in Abhängigkeit von seinem Aufbau und vom Druckgefälle. Von Dr.-Ing. **Gustav Merkle**. Mit 33 Textabbildungen. (Mitteilungen des Instituts für Beton und Eisenbeton an der Technischen Hochschule in Karlsruhe i. B. Leitung: E. Probst, Karlsruhe i. B.) IV, 66 Seiten. 1927.   RM 5.10

Untersuchungen über den Einfluß häufig wiederholter Druckbeanspruchungen auf Druckelastizität und Druckfestigkeit von Beton. Von Dr.-Ing. **Alfred Mehmel**. Mit 30 Textabbildungen. IV, 74 Seiten. 1926.   RM 6.60

Vorlesungen über Eisenbeton. Von Dr.-Ing. E. **Probst**, ord. Professor an der Technischen Hochschule in Karlsruhe.

Erster Band: Allgemeine Grundlagen. — Theorie und Versuchsforschung. — Grundlagen für die statische Berechnung. — Statisch unbestimmte Träger im Lichte der Versuche. Zweite, umgearbeitete Auflage. Mit 70 Textabbildungen. XI, 620 Seiten. 1923.
Gebunden RM 24.—

Zweiter Band: Grundlagen für die Berechnung und das Entwerfen von Eisenbetonbauten. — Anwendung der Theorie auf Beispiele im Hochbau, Brückenbau und Wasserbau. — Allgemeines über Vorbereitung und Verarbeitung von Eisenbeton. — Richtlinien für Kostenermittlungen. — Eisenbeton und Formgebung. Zweite, umgearbeitete Auflage. Mit 61 Textabbildungen. IX, 539 Seiten. 1929.   Gebunden RM 31.50

Die Grundzüge des Eisenbetonbaues. Von Geh. Hofrat Professor Dr.-Ing. e. h. **M. Foerster**, Dresden. Dritte, verbesserte und vermehrte Auflage. Mit 183 Textabbildungen. XII, 570 Seiten. 1926.
Gebunden RM 25.50

Bemessungstafeln für Eisenbetonkonstruktionen. Tafeln zum Ablesen der Momente, der Bewehrungen für einfach und doppelt bewehrte Platten, Balken und Plattenbalken bei Verwendung von gewöhnlichem und hochwertigem Zement und Eisen bezw. Stahl, mit Berücksichtigung der Spannungen im Steg, und Tafeln für das sofortige Ablesen von Stützenquerschnitten und Bewehrungen auch bei Knickgefahr. Von Baurat **Paul Göldel**, Beratender Ingenieur in Leipzig. IV, 231 Seiten. 1927.
Gebunden RM 22.—

Die Arbeitsfestigkeit der Eisenbetonbalken. Von Ingenieur **Wilhelm Thiel**. Mit 4 Abbildungen im Text. IV, 53 Seiten. 1924.   RM 2.25